Python

数据科学实战

[英]罗恩·乔普拉
[英]阿伦·英格兰
[英]穆罕默德·努尔丁·阿拉丁 著

温旭红 李 勍 译

U0280824

中国水利水电出版社
www.waterpub.com.cn
· 北京 ·

图书在版编目（CIP）数据

Python 数据科学实战 /（英）罗恩·乔普拉，（英）阿伦·英格兰，（英）穆罕默德·努尔丁·阿拉丁著；温旭红，李勍译 . — 北京：中国水利水电出版社，2021.8

书名原文：Data Science with Python

ISBN 978-7-5170-9186-8

Ⅰ . ① P⋯ Ⅱ . ①罗⋯ ②阿⋯ ③穆⋯ ④温⋯ Ⅲ . ① 软件工具—程序设计
Ⅳ . ① TP311.561

中国版本图书馆 CIP 数据核字 (2020) 第 240138 号

北京市版权局著作权合同登记号　图字：01-2020-0570 号

Original English language title: Data Science with Python -（9781838552862）by Rohan Chopra, Mohamed Noordeen Alaudeen, Aaron England, Coryright ©Packt Publishing 2019
Translation Copyright @2021 China Water & Power Press
All rights reserved

书　名	Python 数据科学实战 Python SHUJU KEXUE SHIZHAN	
作　者	（英）罗恩·乔普拉，（英）阿伦·英格兰，（英）穆罕默德·努尔丁·阿拉丁　著	
翻　译	温旭红　李勍　译	
出版发行	中国水利水电出版社	
	（北京市海淀区玉渊潭南路 1 号 D 座 100038）	
	网址：www.waterpub.com.cn	
	E-mail：zhiboshangshu@163.com	
	电话：（010）62572966-2205/2266/2201（营销中心）	
经　售	北京科水图书销售中心（零售）	
	电话：（010）88383994、63202643、68545874	
	全国各地新华书店和相关出版物销售网点	
排　版	北京智博尚书文化传媒有限公司	
印　刷	涿州市新华印刷有限公司	
规　格	190mm×235mm　16 开本　17.5 印张　415 千字　1 插页	
版　次	2021 年 8 月第 1 版　2021 年 8 月第 1 次印刷	
印　数	0001—5000 册	
定　价	89.80 元	

凡购买我社图书，如有缺页、倒页、脱页的，本社营销中心负责调换

版权所有·侵权必究

前 言

关于本书

本书首先介绍数据科学，然后指导读者安装和搭建数据分析编程环境所需的软件包。在机器学习中，主要学习3项技术：监督学习、无监督学习和强化学习。我们也会用到基本的分类与回归技术，如支持向量机、决策树以及逻辑回归等。

在前面章节的学习中，读者将学习到Python语言中用于处理大型数据集的基本函数、数据结构，用于矩阵计算的NumPy包和Pandas包，如何使用Matplotlib绘制自定义图表，以及应用Boosting算法XGBoost（极端梯度提升）进行预测分析等。

在后面的章节中，将会学习用于图像识别的卷积神经网络（CNN）、深度学习算法。读者将掌握如何向神经网络馈入人类语言、让模型处理复杂的文本信息以及构建人类语言处理系统进行结果预测等。

学习完本书，读者可以掌握和使用很多新的数据科学算法，并且有信心使用本课程以外的工具或库进行操作。

作者简介

Rohan Chopra，毕业于印度韦洛尔科技大学，是Absolutdata公司的数据科学家，主要研究方向集中在深度学习计算机视觉相关问题的应用，同时在自动驾驶研究方面经验丰富，在端到端神经网络系统的设计、运行和优化方面有着丰富的经验。

作者声明

本书由我与Aaron England和Mohamed Noordeen Alaudeen合作撰写完成。首先，对我的导师Sanjiban SekharRoy给予我的支持致以崇高的谢意。同时，还要对Packt出版社表示万分感谢。

Aaron England毕业于犹他大学，获得运动与体育科学专业的生物统计学方向博士学位。目前他定居在美国亚利桑那州的斯科茨代尔市，在Natural Partners Fullscript公司担任数据科学家。

Mohamed Noordeen Alaudeen是罗技科技公司首席数据科学家。他在构建和开发端到端大数据与深度神经网络系统方面具有7年以上的工作经验，并决心毕生投身于数据科学的研究中。他是Imarticus Learning公司和Great Learning公司经验丰富的数据科学与大数据培训教师，这两家公司都是印度著名的数据科学研究单位。除了教学之外，他还致力于开源工作。他在GitHub上拥有90多个存储库，开源提供他的技术工作和数据科学资料。他是Linkedin上数据科学帮助社区中的活跃用户（拥有超过22 000个关注者）。

学习目标

预处理数据，为机器学习准备数据。

应用Matplotlib，创建数据可视化。

使用Scikit-Learn，基于主成分分析法（PCA）进行降维。

处理分类和回归问题。

基于XGBoost库进行预测。

处理图像并创建机器学习模型以对其进行解码。

处理人类语言，实现预测和分类。

使用张量板（TensorBoard）实时监控训练指标。

使用自动机器学习（AutoML）查找适合模型的最佳超参数。

本书适用对象

本书适合希望应用Python语言和机器学习技术在数据分析与预测方面有所精进的数据分析师、数据科学家、数据库工程师以及商业分析师等。掌握关于Python语言和数据分析的基础知识有助于理解本书中介绍的各种概念。

本书使用方法

本书通过实践操作的方式让初学者和经验丰富的数据科学家掌握数据科学与机器学习技术所需的基本工具。书中包含了丰富的实操性练习，这些实操性练习都是现实生活中的各种业务场景，可以让读者在高度相关联的环境中练习和应用新的技能。

最低硬件要求

为了获得最佳的学习体验，建议使用的硬件配置如下：
● 英特尔酷睿i5处理器或同等能力的其他处理器。
● 4GB的内存（8GB更好）。
● 15GB的可用硬盘空间。
● 互联网连接。

软件需求

需要预先安装以下软件：
● 操作系统。64位Windows7 SP1、64位Windows8.1或64位Windows10、Ubuntu Linux系统，或最新版本的OS X系统。
● 浏览器。谷歌浏览器或最新版本的火狐浏览器。
● 集成开发环境选用Notepad++/Sublime Text（任选其一，也可以使用浏览器中的Jupyter Notebook）。
● 安装Python3.4+，最新版本是Python3.7（https://python.org）。
● Anaconda（https://www.anaconda.com/distribution/）。
● Git（https://git-scm.com/）。

安装与设定

打开Anaconda Prompt，按照以下操作步骤准备好系统环境，开启数据科学学习之旅。
（1）创建新环境并安装所有库文件。从网址https://github.com/TrainingByPackt/Data-Science-

with-Python/blob/master/environment.yml下载环境文件并运行以下代码：

```
conda env create -f environment.yml
```

（2）运行以下代码激活环境：

```
conda activate DataScience
```

（3）Jupyter Notebook可以用于代码运行和测试。在DataScience环境中启动Jupyter Notebook，运行以下代码：

```
jupyter notebook
```

浏览器窗口将会打开一个带有Jupyter的界面，然后可以找到项目文件位置并运行Jupyter Notebook。

本书中无论什么时候都需要打开Anaconda Prompt并激活环境，然后进行后续操作。

使用 Kaggle 进行更快的测试

Kaggle内核平台提供免费的GPU访问，可让机器学习的训练速度提高10倍左右。GPU是专用芯片，可以非常快速地进行矩阵计算，比单核CPU快得多。下面将介绍如何利用这项免费服务来更快地训练模型。

（1）打开网址https://www.kaggle.com/kernels并注册登录。

（2）单击NewKernel按钮，然后在打开的窗口中选择Notebook，加载出现的窗口界面（可以在其中运行代码）如图0.1所示。

图 0.1　笔记本显示界面

界面左上角是Notebook的名称，可以修改。

（3）单击Settings按钮，然后在Notebook中激活GPU，如图0.2所示。要通过Notebook使用互联网，必须使用手机进行身份验证。

Settings		^
Sharing	Private	
Language	Python	
Docker	Latest Available	
GPU	⦿ On	
Internet	⦿ On	
Packages	Custom packages are not supported for GPU instances.	
BigQuery	Enable...	

图 0.2 设置的屏幕界面

（4）将Jupyter Notebook上载到Kaggle平台。单击菜单栏File，再选择Upload notebook选项，上传Notebook。然后单击工具栏右上角的Add Dataset按钮，为Notebook加载数据集。此后，便可以添加托管在Kaggle平台上的任何数据集，也可以上传自己的数据集。可以从下面路径访问上传的数据集：

```
../input/
```

（5）运行完代码后，需要下载带有输出结果的Notebook。单击菜单栏File，然后选择Download notebook选项。要将Notebook及其输出结果保存到Kaggle平台账户中，可单击右上角的Commit按钮。

无论什么时候您发现机器学习模型花费了大量时间在训练，都可以使用Kaggle平台。

本书使用的数据集来自加州尔湾市的加州大学信息与计算机科学学院UCI机器学习存储库（http://archive.ics.uci.edu/ml）。

本书约定

文本中的编码语言、数据库表名、文件夹名、文件名、文件扩展名、路径名、虚拟URL、用户输入和Twitter句柄中的代码命名方式为"要读取CSV数据，可以通过传递参数filename.csv使用read_csv()函数"。

固定的代码块如下：

```
model.fit(x_train, y_train, validation_data = (x_test, y_test),epochs = 10,
    batch_size = 512)
```

代码包安装

本书的代码包位于GitHub的https://github.com/TrainingByPackt/Data-Science-with-Python。

其他诸多书籍和视频目录中的代码包，可从https://github.com/PacktPublishing/中获得，欢迎下载观看！

目　录

第 **4** 章 降维和无监督学习 **87**

第 **7** 章   人类语言处理 **167**

第 **8** 章   一些提示和诀窍 **193**

第 *1* 章

数据科学和数据预处理导论

【学习目标】

学完本章，读者能够做到：

- 使用各种Python机器学习库。
- 处理缺失数据及异常值。
- 整合不同来源的数据。
- 把数据转换为机器可读形式。
- 为避免量级不同而带来的问题，对数据进行标准化。
- 把数据拆分为训练集和测试集。
- 描述不同类型的机器学习。
- 描述机器学习模型的不同性能指标。

本章将介绍数据科学和构建机器学习模型的各种流程，尤其关注数据预处理操作。

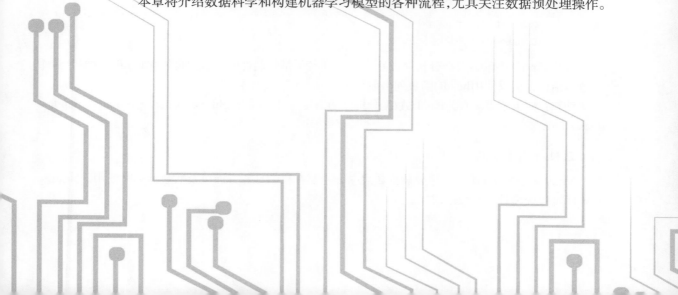

1.1 引言

我们生活在一个被数据包围的世界中，因此非常有必要了解和处理这些数据。

数据科学是一门研究数据的表达、分析和预测的学科。例如，每天我们在手机上使用社交媒体应用程序时，这些应用程序为了给每个用户创造更加个性化的体验，会收集和处理数据，从而向用户推送可能感兴趣的文章或根据定位限定搜索结果等。

数据科学的这一分支称为机器学习。

机器学习是计算机在没有人工干预的情况下基于系统化学习流程和统计学表征完成相关操作的过程。换句话说，这是一个教会计算机仅依靠模式和推理自行执行任务而无须明确指令的过程。电子邮件过滤、计算机视觉和计算语言学中都应用了一些常见的机器学习算法。

本书将重点关注基于Python语言的机器学习以及数据科学其他方面的内容。Python语言因为易于上手操作，所以是一种应用广泛的数据科学编程语言。Python语言自带多个现成的库文件，非常适合处理数据。

1.2 Python 库

本书中我们会用到各种各样的Python库，包括Pandas数据分析库、NumPy矩阵库、Matplotlib绘图库、Seaborn数据可视化库和Scikit-Learn估计器等。

1. Pandas 数据分析库

Pandas是一个开源软件包，包含许多机器学习前期准备工作所需要加载和处理数据的函数。它还具备一些用于分析和处理数据的工具。使用Pandas数据分析库可以读取多种格式的数据。本书中主要使用CSV格式的数据，可以使用read_csv()函数并传递参数filename.csv来读取。例如：

```
>>> import pandas as pd
>>> pd.read_csv("data.csv")
```

其中，**pd**是Pandas数据分析库的别名，该别名不是强制性的。若要可视化Pandas数据分析库的数据结构，可以使用head()函数列出前5行。

注释：要了解更多有关Pandas数据分析库的信息，可访问链接https://pandas.pydata.org/pandas-docs/stable/。

2. NumPy 矩阵库

NumPy是Python必备的主要软件包之一，主要在科学计算方面以及数学运算时使用。NumPy矩阵库可以处理数组和数组对象。

3. Matplotlib 绘图库

Matplotlib是一个数据可视化软件包。在NumPy的辅助下，Matplotlib用于在二维平面绘制数据点。

4. Seaborn 数据可视化库

Seaborn是一个基于Matplotlib的数据可视化库。在图形显示方面，使用Seaborn创建的可视化图表比使用Matplotlib创建的更具吸引力。

5. Scikit–Learn 估计器

Scikit-Learn是一个用于机器学习的Python软件包，用于Python中与其他数字和科学库互操作，实现算法运行。

这些即用型库，尤其在数据科学领域备受开发人员的吸引和关注。

1.3 构建机器学习模型的路线图

构建机器学习模型的路线图非常简单明了，主要包括5个步骤，具体说明如下。

1. 数据预处理

数据预处理是构建机器学习模型的第一步。数据预处理是指在数据输入模型之前的数据转换。数据预处理要使用一些把原始数据转换为简洁可靠数据的处理技术。

由于通常无法掌控原始数据收集方式，原始数据常常会包含异常值（如年龄=120）、无意义的数据组合（例如，型号：自行车，类型：4轮车）、缺失值、比例尺问题等，可能影响输出结果的质量，所以原始数据无法直接输入机器学习模型中。也正因为如此，数据预处理是数据科学流程中最重要的一步。

2. 模型学习

对数据进行预处理以及将其划分为训练集/测试集之后，即进入建模环节。模型是一组定义明确的方法，也被称为算法，这些算法使用预处理数据进行模式学习，之后基于这些模式进行预测。学习算法有多种类型，包括监督学习算法、半监督学习算法、无监督学习算法和强化学习算法等。这些学习算法将在后面进行详细讨论。

3. 模型评估

在这个阶段，我们借助特定的性能指标对模型进行评估。基于这些性能指标，可以不断调整模型参数实现模型改进，这个过程称为**超参数优化**。我们可以不断地重复这一过程，直至得到满意的结果。

4. 预测

当我们在评估阶段得到满意的结果后，将进入预测阶段。预测就是将新的数据集应用到训练模型上。在商业应用场景中，领导者根据预测进行有效的商业决策。

5. 模型开发

机器学习的整个过程并不仅限于模型的建立和预测，还涉及利用模型使用新数据开发应用程序。根据业务需求，模型开发可以是一份报告，也可以是要运行的一些重复数据科学步骤。模型开发（Deployment）后为保持其正常运行，需要定期进行适当的管理和维护。

本章的重点为数据预处理，将介绍数据预处理中涉及的不同操作，如数据表示方式、数据清理和其他相关操作等。

1.4　数据表示方式

机器学习的主要目标是建立可以理解数据并找到底层模式的模型，因此，以计算机可以解释的方式输入数据非常重要。要向模型输入数据，必须用所需维度的表格或矩阵呈现数据，因此预处理的第一步从转换数据为正确的表格开始。

1. 表格中的数据表示方式

建议数据存在由行和列组成的二维空间中，这种类型的数据结构便于我们理解数据以及查找相关问题。例如，图1.1展示了一些存储为CSV（逗号为分隔值）格式的原始数据。

```
1., Avatar, 18-12-2009, 7.8
2., Titanic, 18-11-1997,
3., Avengers Infinity War, 27-04-2018, 8.5
```

图 1.1　CSV 格式的原始数据

同样的数据存储在表格中的格式如图1.2所示。

序　号	影　片	上映日期	评　分
1.	Avatar	18-12-2009	7.8
2.	Titanic	18-11-1997	NA
3.	Avengers Infinity War	27-04-2018	8.5

图 1.2　表格形式的 CSV 数据

如果对比CSV格式和表格格式的数据，会发现两种格式中的数据都存在缺失值。为了加载CSV文件并将其转换为表格进行操作，需要使用Pandas库。此时，数据将加载到名为数据框（DataFrame）的表格中。

2. 自变量和因变量

数据框中包含的变量或特征可以分为两类，分别是自变量（也称为预测变量）和因变量（也称为目标变量）。自变量用于预测目标变量。顾名思义，自变量应该彼此独立，如果自变量彼此相关，那么变量就需要进行预处理。

数据框包含所有的特征，特征尺寸为(m, n)，其中m为观测对象的数量，n为特征的数量。这些变量必须为正态分布的并且不能包含。

（1）缺失或NULL（无效）值。

（2）高度分类或高基数的数据特征（这些术语将在后面详细介绍）。

（3）异常值。

（4）不同尺度的数据。

（5）人为错误。

（6）多重共线性（独立变量是相关的）。

（7）数量非常大的独立特征集（过多的独立变量难以管理）。

（8）稀疏数据。

（9）特殊字符。

3. 特征矩阵和目标向量

单个数据称为标量，一组标量称为向量，一组向量称为矩阵。矩阵用行和列表示。特征矩阵数据由独立的列组成，特征矩阵列影响目标向量。例如图1.3所示的汽车详细信息表，表中有4个列：汽车型号、汽车容量、汽车品牌和汽车售价。除汽车售价以外，所有列都是自变量且代表特征矩阵。汽车售价是因变量，取值由其他列（汽车型号、汽车容量和汽车品牌）决定，因此是目标向量。

汽车型号	汽车容量	汽车品牌	汽车售价

图 1.3　汽车详细信息表

注释：所有练习和作业主要在Jupyter笔记本中进行，除非特别说明，建议为不同的作业保留一个单独的笔记本。另外，因为要在表格中显示数据，所以加载样本数据集要使用Pandas库。其他加载数据的方式将在后续章节中进行说明。

练习1：加载样本数据集，创建特征矩阵和目标矩阵

在本练习中，通过将House_price_prediction数据集加载到Pandas库的数据框中，创建特征矩阵和目标矩阵。

House_price_prediction 数据集来自UCI机器学习存储库，从美国各个郊区收集而来，包括与房屋相关的5000条、6个特征的数据。具体操作步骤如下。

注释：House_price_prediction数据集的下载地址为https://github.com/TrainingByPackt/Data-

Science-with-Python/blob/master/Chapter01/Data/USA_Housing.csv。

（1）打开Jupyter笔记本，输入下面的代码导入Pandas库。

```
import pandas as pd
```

（2）加载数据集到Pandas库的数据框中。由于数据集是CSV格式文件，所以使用read_csv()函数读取数据。代码如下。

```
dataset = "https://github.com/TrainingByPackt/Data-Science-with-Python/blob/
master/Chapter01/Data/USA_Housing.csv"
df = pd.read_csv(dataset, header = 0)
```

可以发现，数据存储在名为df的变量中。

（3）使用df.columns命令打印加载到数据框所有的列名称。在笔记本中写入以下代码。

```
df.columns
```

上面的代码生成输出如图1.4所示。

```
df.columns
```

```
Index(['Avg. Area Income', 'Avg. Area House Age', 'Avg. Area Number of Rooms',
       'Avg. Area Number of Bedrooms', 'Area Population', 'Price', 'Address'],
      dtype='object')
```

图 1.4　DataFrame 数据表中列明细

（4）加载的数据集包含n行数据，可以使用以下代码找到总行数。

```
df.index
```

上面的代码生成输出如图1.5所示。

```
df.index
```

```
RangeIndex(start=0, stop=5000, step=1)
```

图 1.5　DataFrame 数据表中总索引

由图1.5可知，加载的数据集包含5000行数据，索引为0 ~ 4999。

（5）将Address（地址）列字段值设置为索引并将其重置回原始数据框中。Pandas库提供了set_index()方法，可将列字段值转换为数据框中的行索引。代码如下。

```
df.set_index('Address', inplace=True)
df
```

上面的代码生成输出如图1.6所示。

Address	Avg. Area Income	Avg. Area House Age	Avg. Area Number of Rooms	Avg. Area Number of Bedrooms	Area Population	Price
208 Michael Ferry Apt. 674\nLaurabury, NE 37010-5101	79545.458574	5.682861	7.009188	4.09	23086.800503	1.059034e+06
188 Johnson Views Suite 079\nLake Kathleen, CA 48958	79248.642455	6.002900	6.730821	3.09	40173.072174	1.505891e+06
9127 Elizabeth Stravenue\nDanieltown, WI 06482-3489	61287.067179	5.865890	8.512727	5.13	36882.159400	1.058988e+06
USS Barnett\nFPO AP 44820	63345.240046	7.188236	5.586729	3.26	34310.242831	1.260617e+06

图 1.6　具有索引 Address 列的数据框

set_index()函数中的inplace参数默认设置为False。如果将inplace值改为True，那么无论执行什么操作都会直接修改数据表中的内容而不会创建副本。

（6）使用reset_index()函数，重置给定对象的索引。代码如下。

```
df.reset_index(inplace=True)
df
```

上面的代码生成输出如图1.7所示。

	Address	Avg. Area Income	Avg. Area House Age	Avg. Area Number of Rooms	Avg. Area Number of Bedrooms	Area Population	Price
0	208 Michael Ferry Apt. 674\nLaurabury, NE 3701...	79545.458574	5.682861	7.009188	4.09	23086.800503	1.059034e+06
1	188 Johnson Views Suite 079\nLake Kathleen, CA...	79248.642455	6.002900	6.730821	3.09	40173.072174	1.505891e+06
2	9127 Elizabeth Stravenue\nDanieltown, WI 06482...	61287.067179	5.865890	8.512727	5.13	36882.159400	1.058988e+06
3	USS Barnett\nFPO AP 44820	63345.240046	7.188236	5.586729	3.26	34310.242831	1.260617e+06
4	USNS Raymond\nFPO AE 09386	59982.197226	5.040555	7.839388	4.23	26354.109472	6.309435e+05

图 1.7　索引重置的数据框

注释：索引就像赋予行和列的名称，所有数据表的行和列都有索引，可以按行/列号或行/列名检索表中的数据。

（7）使用行号和列号检索数据集的前4行和前3列数据。使用Pandas库中的iloc索引器完成此操作，该索引器使用索引位置检索数据。添加以下代码进行此操作，输出如图1.8所示。

```
df.iloc[0:4,0:3]
```

`df.iloc[0:4,0:3]`

	Address	Avg. Area Income	Avg. Area House Age
0	208 Michael Ferry Apt. 674\nLaurabury, NE 3701...	79545.458574	5.682861
1	188 Johnson Views Suite 079\nLake Kathleen, CA...	79248.642455	6.002900
2	9127 Elizabeth Stravenue\nDanieltown, WI 06482...	61287.067179	5.865890
3	USS Barnett\nFPO AP 44820	63345.240046	7.188236

图 1.8　数据集的前 4 行和前 3 列

（8）要使用标签检索数据，可以使用loc索引器。添加以下代码，检索数据集中Income（收入）列和Age（年龄）列的前5行，如图1.9所示。

```
df.loc[0:4 , ["Avg.Area Income", "Avg.Area House Age"]]
```

	Avg. Area Income	Avg. Area House Age
0	79545.458574	5.682861
1	79248.642455	6.002900
2	61287.067179	5.865890
3	63345.240046	7.188236
4	59982.197226	5.040555

图 1.9　数据集的前 5 行和前两列

（9）创建一个名为X的变量存储独立特征。在数据集中，除Price（价格）外，将所有的特征视为独立变量，并使用drop()函数收录这些独立特征。完成此操作后，打印出X变量的前5行数据。添加以下代码执行此操作。

```
X = df.drop('Price', axis=1)
X.head()
```

上面的代码生成输出如图1.10所示。

	Avg. Area Income	Avg. Area House Age	Avg. Area Number of Rooms	Avg. Area Number of Bedrooms	Area Population	Address
0	79545.458574	5.682861	7.009188	4.09	23086.800503	208 Michael Ferry Apt. 674\nLaurabury, NE 3701...
1	79248.642455	6.002900	6.730821	3.09	40173.072174	188 Johnson Views Suite 079\nLake Kathleen, CA...
2	61287.067179	5.865890	8.512727	5.13	36882.159400	9127 Elizabeth Stravenue\nDanieltown, WI 06482...
3	63345.240046	7.188236	5.586729	3.26	34310.242831	USS Barnett\nFPO AP 44820
4	59982.197226	5.040555	7.839388	4.23	26354.109472	USNS Raymond\nFPO AE 09386

图 1.10　前 5 行特征矩阵的数据集

注释： 从表中提取实例数据的默认数量为前5行。因此，如果不指定数值，则默认情况下将输出5行数据。参数axis表示是要从行（axis= 0）还是从列（axis= 1）中删除标签。

（10）使用X.shape代码打印新创建特征矩阵的维度。

```
X.shape
```

上面的代码生成输出如图1.11所示。

(5000, 6)

图 1.11　特征矩阵的维度

在图1.11中，第1个值表示数据集中观测值的数量（5000），第2个值表示特征（列）的数量（6）。

（11）创建一个名为y的变量，从df数据表中提取名为Price（价格）的列。然后，打印出变量的前10个值。使用索引提取目标列，允许访问一部分较大的元素。输入以下代码执行此操作。

```
y = df['Price']
y.head(10)
```

上面的代码生成输出如图1.12所示。

```
0    1.059034e+06
1    1.505891e+06
2    1.058988e+06
3    1.260617e+06
4    6.309435e+05
5    1.068138e+06
6    1.502056e+06
7    1.573937e+06
8    7.988695e+05
9    1.545155e+06
Name: Price, dtype: float64
```

图 1.12　显示目标矩阵前 10 行的数据集

（12）使用y.shape代码打印新变量的维度。y的维度应该是一，长度仅等于观测值的数量（5000）。添加以下代码以实现此操作。

```
y.shape
```

上面的代码生成输出如图1.13所示。

(5000,)

图 1.13　目标矩阵的维度

到这里已经成功创建了数据集的特征矩阵和目标矩阵，完成了构建预测模型的第一步。该模型将从特征矩阵（X中的列）中学习模式（Patterns），以及如何映射到目标向量（y）中的值。然后，可以基于这些新房屋的特征使用这些模式从新数据中预测出房屋售价。

1.5　数据清洗

数据清洗包括诸如填补缺失值和处理数据类型不一致之类的操作，可以检测出损坏数据并替换或修改这类数据。

数据清洗需要以下两个步骤。

（1）缺失值。如果想很好地掌握管理和了解数据的技能，那么搞清楚缺失值的概念很重要。

图1.14所示的银行客户信息数据来自银行，每行是一个单独的客户，每列包含客户的详细信息，如年龄和贷款额等。表中有些单元格为NA或为空，表示缺失数据。关于客户的每一条信息对银行来说都是至关重要的，如果缺少部分信息，那么银行将很难预测向客户提供贷款的风险。

Customer Id	Age	Job	Credit amount	Duration	Purpose	Risk
9866746AS	67	2	1169	6	radio/TV	Low
99887589FD	22	2	5951	48	radio/TV	High
99373488WE	49	1	2096	12	education	Low
88475994YR	45			42	furniture/equipment	Low
93498765JG	53	2	4870	24	car	Low
99384766JF	35	1	9055	36	education	Low
99945949IJ		2	NA		NA	Low
98846882VC	35	3	6948	NA	car	Low
87666547AS	61	1	3059	12	NA	Low
99583999DS		3	5234	30	car	High
99348439SD	25	2	1295	NA	car	High

图 1.14　银行客户信用数据

（2）**处理缺失数据**。对缺失数据的明智处理有利于构建一个处理复杂任务的稳健模型。

1. 删除数据

检查缺失值是数据预处理的第一步，也是最重要的一步。由于模型无法接收带有缺失值的数据，所以删除数据就是一种非常简单且常用的缺失值处理方法。如果缺失值与行中的位置对应，则删除行；如果列的缺失数量超过70%～75%，则删除列。同样，这个阈值不是固定的，取决于要修复缺失值的多少。

这种方法的好处是操作简便、快捷。在许多情况下，没有数据比存在坏数据好；缺点是如果因为少量缺失值而删除整个特征，可能会导致重要信息的丢失。

练习 2：删除缺失数据

某葡萄牙银行举行直销活动，市场营销部门需要给客户打电话，说服他们订阅一项特定的产品。Banking_Marketing.csv数据集中存储了要联系客户的详细信息，以及他们是否订阅该产品。加载Banking_Marketing.csv数据集到Pandas DataFrame数据表中，检查并处理该数据集的缺失数据。按照以下操作步骤完成此练习。

注释：Banking_Marketing.csv数据集的下载地址为https://github. com / TrainingByPackt / Data-Science-with-Python / blob / master / Chapter01 / Data / Banking_Marketing.csv。

（1）打开一个Jupyter笔记本，插入一个新单元格，输入以下代码导入Pandas获取Banking_Marketing.csv数据集。

```
import pandas as pd
dataset = 'https://github.com/TrainingByPackt/Data-Science-with-Python/blob/
master/Chapter01/Data/Banking_Marketing.csv'
#reading the data into the dataframe into the object data
df = pd.read_csv(dataset, header=0)
```

（2）获取数据集后，打印每列的数据类型。使用Pandas 数据框中的**dtypes**属性。

```
df.dtypes
```

上面的代码生成输出如图1.15所示。

```
age                      int64
job                     object
marital                 object
education               object
default                 object
housing                 object
loan                    object
contact                 object
month                   object
day_of_week             object
duration                 int64
campaign                 int64
pdays                    int64
previous                 int64
poutcome                object
emp_var_rate           float64
cons_price_idx         float64
cons_conf_idx          float64
euribor3m              float64
nr_employed            float64
y                        int64
dtype: object
```

图 1.15　每个特征的数据类型

（3）查找每列的缺失值。使用Pandas提供的isna()函数。

```
df.isna().sum()
```

上面的代码生成输出如图1.16所示。

```
age                  2
job                  0
marital              0
education            0
default              0
housing              0
loan                 0
contact              6
month                0
day_of_week          0
duration             7
campaign             0
pdays                0
previous             0
poutcome             0
emp_var_rate         0
cons_price_idx       0
cons_conf_idx        0
euribor3m            0
nr_employed          0
y                    0
dtype: int64
```

图 1.16　数据集中各列的缺失值

从图1.16中可以看到，age（年龄）、contact（联系方式）和duration（持续时间）这3列中缺失数据。age（年龄）列中有两个空值，contact（联系方式）列中有6个空值，duration（持续时间）列中有7个空值。

（4）找到所有缺失的数据后，可以将这些数据行从数据框中删除。为此，使用dropna()函数。

```
#removing Null values
data = data.dropna()
```

（5）使用isna()函数检查数据表中是否仍然存在缺失值。

```
df.isna().sum()
```

上面的代码生成输出如图1.17所示。

```
age              0
job              0
marital          0
education        0
default          0
housing          0
loan             0
contact          0
month            0
day_of_week      0
duration         0
campaign         0
pdays            0
previous         0
poutcome         0
emp_var_rate     0
cons_price_idx   0
cons_conf_idx    0
euribor3m        0
nr_employed      0
y                0
dtype: int64
```

图 1.17　每一列均无缺失值的数据集

现已成功从数据框中删除了所有的缺失数据。下面将介绍第二种处理缺失数据的方法——替换法（Imputation）。

2.平均值／中位数／众数替换法

对于数值型数据，可以计算其平均值或中位数并使用这个值替换缺失值。对于分类（非数值）数据，可以计算其众数来替换缺失值。这就是熟知的替换法。

使用替换法处理缺失数据的优点是可以避免数据损失。缺点是无法知道在给定情况下使用平均值、中位数或众数（替换缺失值）的准确性。

练习3：填补缺失数据

将Banking_Marketing.csv数据集加载到Pandas DataFrame数据表中并使用替换法处理缺失数据。按照以下操作步骤完成此练习。

注释：Banking_Marketing.csv数据集的下载地址为https://github. com / TrainingByPackt / Data-Science-with-Python / blob / master / Chapter01 / Data / Banking_Marketing.csv。

（1）打开一个Jupyter笔记本并添加一个新的数据表df，加载数据集到Pandas DataFrame数据表中并保存在df中。添加以下代码完成操作。

```
import pandas as pd
dataset = 'https://github.com/TrainingByPackt/Data-Science-with-Python/blob/
master/Chapter01/Data/Banking_Marketing.csv'
df = pd.read_csv(dataset, header=0)
```

（2）用平均值填补age（年龄）列的缺失数据。首先使用Pandas库中的mean()函数找到age（年龄）列的平均值，并打印出来。输入以下代码即完成该操作。

```
mean_age = df.age.mean()
print(mean_age)
```

上面的代码生成输出如图1.18所示。

40.023812413525256

图1.18　age（年龄）列的平均值

使用fillna()函数用平均值填补age（年龄）列的缺失数据。输入以下代码完成该操作。

```
df.age.fillna(mean_age, inplace=True)
```

（3）用中位数填补duration（持续时间）列的缺失数据。首先使用Pandas库中的median()函数找到duration（持续时间）列的中位数，并打印出来。输入以下代码即完成该操作。

```
median_duration = df.duration.median()
print(median_duration)
```

上面的代码生成输出如图1.19所示。

180.0

图1.19　duration（持续时间）列的中位数

使用fillna()函数用中位数填补duration（持续时间）列中的缺失数据。输入以下代码完成该操作。

```
df.duration.fillna(median_duration,inplace=True)
```

（4）用众数填补contact（联系方式）列的缺失数据。首先使用Pandas库中的mode()函数找到contact（联系方式）列的众数，并打印出来。输入以下代码，输出结果如图1.20所示。

```
mode_contact = df.contact.mode()[0]
print(mode_contact)
```

cellular

图1.20　contact（联系方式）列的众数

使用fillna()函数用众数填补contact（联系方式）列中的缺失数据。输入以下代码完成该操作。

```
df.contact.fillna(mode_contact,inplace=True)
```

与平均值和中位数不同，一列中可能不止一个众数，因此，只采用索引为0的第1个众数。现在已经成功地用不同的方式将缺失数据填补完成，并使数据完整且干净。

3. 异常值

异常值是相对于其他数据分布而言非常大或非常小的值。只能在数值型数据中查找异常值。箱线图是一种在数据集中查找异常值的很好的方法，如图1.21所示。

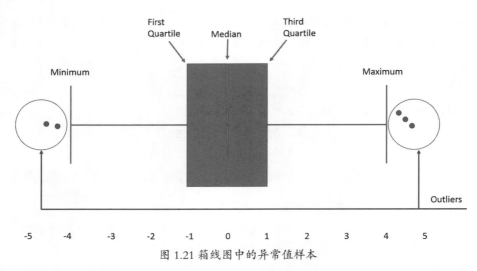

图 1.21 箱线图中的异常值样本

注释: 异常值并不总是坏数据,通过业务理解和与客户互动可以确定是删除还是保留异常值。

下面通过一个简单的例子来学习如何查找异常值。假设某地方不同时间的温度样本数据集为 71, 70, 90, 70, 70, 60, 70, 72, 72, 320, 71, 69。

按以下方法计算数据集中异常值。

(1)对数据进行升序排序,排序后数据集为 60,69, 70, 70, 70, 70, 71, 71, 72, 72, 90, 320。

(2)计算中位数(Q2)。中位数是排序后位于中间的数据。本数据排序后位于中间位置的数据是 70 和 71,中位数为 Q2=(70 + 71)÷ 2 = 70.5。

(3)计算下分位数(第三四分位数)(Q1)。Q1 是数据集前半部分的中间值(中位数)。

数据集前半部分为 60, 69, 70, 70, 70, 70,6 个数中第 3 点和第 4 点都等于 70,平均值为(70 + 70)÷ 2 = 70,Q1 = 70。

(4)计算上四分位数(第一四分位数)(Q3)。Q3 是数据集后半部分的中间值(中位数)。数据集后半部分为 71, 71, 72, 72, 90, 320,6 个数中的第 3 点和第 4 点是 72 和 72。平均值是(72 + 72)÷ 2 = 72,Q3 = 72。

(5)计算四分位间距(IQR)。IQR = Q3 – Q1 = 72 – 70 = 2。

(6)计算上下边线值。下边线值= Q1 – 1.5(IQR)= 70 – 1.5(2)= 67;上边线值= Q3 + 1.5(IQR)= 72 + 1.5(2)= 75。边界为 67 和 75。

任何小于下边线值和大于上边线值的数据点都是异常值,因此,该例中的异常值是 60、90 和 320。

练习 4:查找并删除数据中的异常值

在本练习中,我们将向 Pandas 数据框加载 german_credit_data.csv 数据集,并删除异常值。此数据集是由霍夫曼教授提供的,包含 20 个属性的 1000 条数据。该数据集中,每条数据表示一个从银行获得贷款的人。根据属性集,每一个人按照信用风险好或信用风险差进行划分。按照以下操作步骤完成此练习。

注释: german_credit_data.csv 数据集的下载地址为https:// github.com/TrainingByPackt/Data-

Science-with-Python/blob/master/Chapter01/Data/german_credit_data.csv。

（1）打开Jupyter笔记本并添加一个新数据表df。导入必要的库：Pandas库、NumPy库、Matplotlib库和Seaborn库，获取数据集，将其加载到Pandas数据框中，并赋值给df。输入下面的代码。

```
import pandas as pd
import numpy as np
%matplotlib inline
import seaborn as sbn
dataset = 'https://github.com/TrainingByPackt/Data-Science-with-Python/blob/
master/Chapter01/Data/german_credit_data.csv´
#reading the data into the dataframe into the object data
df= pd.read_csv(dataset, header=0)
```

在上面的代码中，% matplotlib inline是一个魔法函数。如果希望在笔记本中可以看到绘图，那么这个函数必不可少。

（2）该数据集包含Age（年龄）列，绘制Age（年龄）数据列的箱线图。使用Seaborn库中的boxplot()函数画图。

```
sbn.boxplot(df['Age'])
```

上面的代码生成输出如图1.22所示。

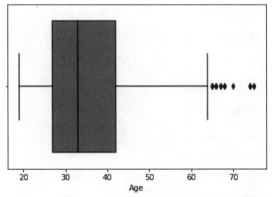

图1.22　Age（年龄）数据列的箱线图

（3）箱线图使用四分位间距（IQR）方法显示数据和异常值（数据的维度）。先使用数学公式提取异常值，再打印出异常值，输入下面的代码。

```
Q1 = df["Age"].quantile(0.25)
Q3 = df["Age"].quantile(0.75)
IQR = Q3 - Q1
print(IQR)
>>> 15.0
```

在上面的代码中，Q1是第一四分位数，Q3是第三四分位数。

（4）计算上边线值和下边线值。输入下面的代码。

```
Lower_Fence = Q1 - (1.5 * IQR)
Upper_Fence = Q3 + (1.5 * IQR)
print(Lower_Fence)
print(Upper_Fence)
>>> 4.5
>>> 64.5
```

（5）打印出所有高于上边线值和低于下边线值的数据。输入下面的代码。

```
df[((df["Age"] < Lower_Fence) |(df["Age"] > Upper_Fence))]
```

上面的代码生成输出如图1.23所示。

	Age	Sex	Job	Housing	Saving accounts	Checking account	Credit amount	Duration	Purpose
0	67	male	2	own	NaN	little	1169	6	radio/TV
75	66	male	3	free	little	little	1526	12	car
137	66	male	1	own	quite rich	moderate	766	12	radio/TV
163	70	male	3	free	little	moderate	7308	10	car
179	65	male	2	own	little	little	571	21	car
186	74	female	3	free	little	moderate	5129	9	car
187	68	male	0	free	little	moderate	1175	16	car

图 1.23　Age（年龄）数据列中的异常值

（6）过滤异常数据，仅打印潜在数据。使用 "~" 运算符对异常值求逆。

```
df = df[~((df ["Age"] < Lower_Fence) |(df["Age"] > Upper_Fence))]
df
```

上面的代码生成输出如图1.24所示。

	Unnamed: 0	Age	Sex	Job	Housing	Saving accounts	Checking account	Credit amount	Duration	Purpose
1	1	22	female	2	own	little	moderate	5951	48	radio/TV
2	2	49	male	1	own	little	NaN	2096	12	education
3	3	45	male	2	free	little	little	7882	42	furniture/equipment
4	4	53	male	2	free	little	little	4870	24	car
5	5	35	male	1	free	NaN	NaN	9055	36	education
6	6	53	male	2	own	quite rich	NaN	2835	24	furniture/equipment
7	7	35	male	3	rent	little	moderate	6948	36	car
8	8	61	male	1	own	rich	NaN	3059	12	radio/TV
9	9	28	male	3	own	little	moderate	5234	30	car

图 1.24　Age列中潜在数据

至此已成功使用四分位间距（IQR）查找并除掉Age列中的异常值。

1.6　数据整合

到目前为止，我们已经可以删除数据中的杂质，完成了数据清洗。下一步是组合不同来源的数据，得到更有意义和价值的统一结构的数据。组合不同来源的数据通常使用数据整合法。假如，数据库中有一个员工的数据，其个人数据、项目历史记录、考勤时间详情等可能位于不同的表中。因此，如果需要对该员工作一些分析，将涉及该员工的所有数据放在同一个公共位置。这种把数据放在同一个位置的过程称为数据整合。为了进行数据整合，可以使用merge()函数合并多个Pandas DataFrame数据表。

练习5：整合数据

在本练习中，我们将合并来自两个数据集的学生详细信息，数据集分别名为student和marks。student数据集包含Age（年龄）、Gender（性别）、Grade（年级）和Employed（录取）等数据列。marks数据集包含诸如Mark（分数）和City（城市）等数据列。Student_id为两个数据集之间的共有数据列。按照以下操作步骤完成此练习。

注释：student.csv 数据集的下载地址为 https://github.com/TrainingByPackt/Data-Science-with-Python/blob/master/Chapter01/Data/student.csv。

marks.csv 数据集的下载地址为 https://github.com/TrainingByPackt/Data-Science-with-Python/blob/master/Chapter01/Data/mark.csv。

（1）打开Jupyter笔记本并添加一个新数据表。导入Pandas包，将student.csv和marks.csv数据集加载到Pandas数据框，并赋给df1和df2。输入下面的代码。

```
import pandas as pd
dataset1 = "https://github.com/TrainingByPackt/Data-Science-with-Python/blob/
           master/Chapter01/Data/student.csv"
dataset2 = "https://github.com/TrainingByPackt/Data-Science-with-Python/blob/
           master/Chapter01/Data/mark.csv"
df1 = pd.read_csv(dataset1, header = 0)
df2 = pd.read_csv(dataset2, header = 0)
```

（2）输入下面的代码，打印df1数据框的前5行。

```
df1.head()
```

上面的代码生成输出如图1.25所示。

	Student_id	Mark	City
0	1	95	Chennai
1	2	70	Delhi
2	3	98	Mumbai
3	4	75	Pune
4	5	89	Kochi

图 1.25　df1 数据框的前 5 行

（3）输入下面的代码，打印df2数据框的前5行。

```
df2.head()
```

上面的代码生成输出如图1.26所示。

	Student_id	Age	Gender	Grade	Employed
0	1	19	Male	1st Class	yes
1	2	20	Female	2nd Class	no
2	3	18	Male	1st Class	no
3	4	21	Female	2nd Class	no
4	5	19	Male	1st Class	no

图 1.26　df2 数据框的前 5 行

（4）Student_id是两个数据集共有的数据列，使用pd.merge()函数，基于Student_id数据列对两个数据框进行数据整合，然后打印出新数据框中的前10个值，输入以下代码，结果如图1.27所示。

```
df = pd.merge(df1, df2, on = 'Student_id')
df.head(10)
```

	Student_id	Mark	City	Age	Gender	Grade	Employed
0	1	95	Chennai	19	Male	1st Class	yes
1	2	70	Delhi	20	Female	2nd Class	no
2	3	98	Mumbai	18	Male	1st Class	no
3	4	75	Pune	21	Female	2nd Class	no
4	5	89	Kochi	19	Male	1st Class	no
5	6	69	Gwalior	20	Male	2nd Class	yes
6	7	52	Bhopal	19	Female	3rd Class	yes
7	8	54	Chennai	21	Male	3rd Class	yes
8	9	55	Delhi	22	Female	3rd Class	yes
9	10	94	Mumbai	21	Male	1st Class	no

图 1.27　合并后数据框的前 10 行

此处，df1数据框中的数据与df2数据框中的数据进行了整合，整合后的数据存储在一个名为df的新数据框中。

1.7 数据转换

通过数据整合将不同来源的数据整合到一个统一的数据框中，得到许多类型不同数据列的表。数据转换的目标是将数据转换为一种机器可以学习吸收的格式。由于所有机器学习算法都是基于数学的，因此，需要将所有列类型转换为数值格式。在此之前，先了解一下不同类型的数据。

从广义的角度来看，数据可以分为数值数据和分类数据。

（1）数值数据。顾名思义，此类数据是可量化的数字数据。

（2）分类数据。此类数据是一个字符串或非数字的定性数据。

数值数据可进一步分为以下几类：

（1）离散数据。简单来说，任何可计数的数值数据都称为离散数据，如一个家庭的人数或一个班级的学生人数等。离散数据只能取某些特定的值（如1,2,3,4等）。

（2）连续数据。任何可测量的数值数据都称为连续数据，如一个人的身高或到达目的地花费的时间等。连续数据可以取任何值（如1.25，3.888 8和77.1276）。

分类数据可进一步分为以下几类：

（1）有序数据。任何具有相关顺序的分类数据都称为有序数据，如电影评分（优秀、良好、糟糕、最差）和反馈（开心、不错、不好）。可以将有序数据视为用刻度标记的属性。

（2）名称性数据。任何没有相关顺序的分类数据都称为名称性数据，如性别和国家等。

这些不同类型的数据中，我们重点关注分类数据。下面将讨论如何处理分类数据。

1. 分类数据的处理

有些算法可以很好地处理分类数据，如决策树。由于大多数机器学习算法无法直接对分类数据进行操作，这些算法要求输入和输出均为数值形式，如果要预测的输出是分类数据，则在预测之后要把数值数据转换为分类数据类型。下面讨论处理分类数据时要面临的一些关键性挑战。

（1）高基数。基数意味着数据的唯一性。这说明，数据列中会有许多不同的值。例如，在有500个不同用户的表中，User ID列将有500个唯一值。

（2）极少出现。这类数据列中可能具有极少出现的变量，进而不会对模型产生重大的影响。

（3）频繁出现。数据列中可能存在一个类别，该类别多次出现且方差非常低，因此不会对模型产生影响。

（4）不适用。这类未经处理的分类数据不适用于我们的模型。

可以通过编码解决与分类数据相关的问题，这也是把分类变量转换为数字形式的过程。在这里，我们将介绍3种简单的分类数据编码方法。

1. 替换

替换是一种简单的用数字替换分类数据的技术，不需要太多的逻辑处理。下面通过练习更好地了解该方法。

练习6：用数字替换分类数据

在本练习中，将使用student数据集。先将student数据集加载到一个Pandas数据框中，然后用数字替换所有分类数据。具体操作步骤如下。

注释: student数据集的下载地址为 https://github.com/TrainingByPackt/Data-Science-with-Python/blob/master/Chapter01/Data/student.csv。

（1）打开Jupyter笔记本并添加一个新数据表df。导入Pandas库，然后将数据集加载到Pandas库的数据框中，并赋值给df。

```
import pandas as pd
import numpy as np
dataset = "https://github.com/TrainingByPackt/Data-Science-with-Python/blob/
          master/Chapter01/Data/student.csv"
df = pd.read_csv(dataset, header=0)
```

（2）找到分类列，然后使用另一个数据框将其分开。使用Pandas库中的select_dtypes()函数实现该操作。

```
df_categorical = df.select_dtypes(exclude=[np.number])
df_categorical
```

上面的代码生成输出如图1.28所示。

	Gender	Grade	Employed
0	Male	1st Class	yes
1	Female	2nd Class	no
2	Male	1st Class	no
3	Female	2nd Class	no
4	Male	1st Class	no

图 1.28 分类列数据框

（3）找到 Grade 列中不同的唯一值。在列名称中使用Pandas库中的unique()函数实现该操作。

```
df_categorical['Grade'].unique()
```

上面的代码生成输出如图1.29所示。

```
array(['1st Class', '2nd Class', '3rd Class'], dtype=object)
```

图 1.29 Grade 列中的唯一值

（4）查找Grade列唯一值的频率分布。对Grade列使用value_counts()函数，返回该列中唯一值的数量。

```
df_categorical.Grade.value_counts()
```

上面的代码生成输出如图1.30所示。

```
2nd Class       80
3rd Class       80
1st Class       72
Name: Grade, dtype: int64
```

图 1.30　Grade 列中每个唯一值的总数

（5）针对Gender列，输入以下代码。

```
df_categorical.Gender.value_counts()
```

上面代码的生成输出如图1.31所示。

```
Male         136
Female        96
Name: Gender, dtype: int64
```

图 1.31　Gender 列中每个唯一值的总数

（6）针对Employed列，输入以下代码。

```
df_categorical.Employed.value_counts()
```

上面代码的生成输出如图1.32所示。

```
no         133
yes         99
Name: Employed, dtype: int64
```

图 1.32　Employed 列中每个唯一值的总数

（7）替换Grade列中的记录。将1st Class替换为1，将2nd Class替换为2，将3rd Class替换为3。使用replace()函数实现该操作。

```
df_categorical.Grade.replace({"1st Class":1, "2nd Class":2, "3rd Class":3},
inplace= True)
```

（8）替换Gender列中的记录。将Male替换为0，将Female替换为1。使用replace()函数实现该操作。

```
df_categorical.Gender.replace({"Male":0,"Female":1}, inplace= True)
```

（9）替换Employed列中的记录。将yes替换为1，将no替换为0。使用replace()函数实现该操作。

```
df_categorical.Employed.replace({"yes":1,"no":0}, inplace = True)
```

（10）完成3列数据的所有替换后，打印出数据框中的数据。输入以下代码，结果如图1.33所示。

```
df_categorical.head()
```

	Gender	Grade	Employed
0	0	1	1
1	1	2	0
2	0	1	0
3	1	2	0
4	0	1	0

图 1.33 替换后的数值数据

我们已经使用一种简单的手动替换方法成功地将分类数据转换为数值数据。

2. 标签编码

标签编码是一种将分类列中的值用 $0 \sim N-1$ 的数字替换的技术。例如，假定有一个雇员姓名数据列，在进行标签编码操作后，为每个员工姓名指派一个数字标签。因为模型可能会将编码数字值视为数据的权重赋值，所以该方法并不适合所有情况。对于有序数据来说，标签编码是最佳的方法。Scikit-Learn库提供便于标签编码的LabelEncoder()函数。

练习7: 使用标签编码方法将分类数据转换为数值数据

在本练习中，将Banking_Marketing.csv数据集加载到Pandas数据框中，并使用标签编码方法将分类数据转换为数值数据。具体操作步骤如下。

注 释：Banking_Marketing.csv数据集的下载地址为 https://github.com/TrainingByPackt/Master-Data-Science-with-Python/blob/master/Chapter%201/Data/Banking_Marketing.csv。

（1）打开Jupyter笔记本并添加一个新数据表df。导入Pandas库，然后将数据集加载到Pandas数据框中，并赋值给df。输入下面的代码。

```
import pandas as pd
import numpy as np
dataset = 'https://github.com/TrainingByPackt/Master-Data-Science-with-
          Python/blob/master/Chapter%201/Data/Banking_Marketing.csv'
df = pd.read_csv(dataset, header=0)
```

（2）进行编码之前删除所有的缺失数据。使用dropna()函数实现该操作。

```
df = df.dropna()
```

（3）选择所有非数值列。输入下面的代码。

```
data_column_category = df.select_dtypes(exclude=[np.number]).columns
data_column_category
```

上面的代码生成输出如图1.34所示。

```
Index(['job', 'marital', 'education', 'default', 'housing', 'loan', 'contact',
       'month', 'day_of_week', 'poutcome'],
      dtype='object')
```

图 1.34 数据框的非数值列

（4）打印新数据框的前5行。输入以下代码执行该操作。

```
df[data_column_category].head()
```

上面的代码生成输出如图1.35所示。

	job	marital	education	default	housing	loan	contact	month	day_of_week	poutcome
0	blue-collar	married	basic.4y	unknown	yes	no	cellular	aug	thu	nonexistent
1	technician	married	unknown	no	no	no	cellular	nov	fri	nonexistent
2	management	single	university.degree	no	yes	no	cellular	jun	thu	success
3	services	married	high.school	no	no	no	cellular	apr	fri	nonexistent
4	retired	married	basic.4y	no	yes	no	cellular	aug	fri	success

图 1.35　所有非数值列前 5 行

（5）导入sklearn.preprocessing程序包，遍历所有分类数据列，使用LabelEncoder()函数把分类数据转换为数值数据。

```
#import the LabelEncoder class
from sklearn.preprocessing import LabelEncoder
#Creating the object instance
label_encoder = LabelEncoder()

for i in data_column_category
    df[i] = label_encoder.fit_transform(df[i])
print("Label Encoded Data:")
df.head()
```

上面的代码生成输出如图1.36所示。

Label Encoded Data:

	age	job	marital	education	default	housing	loan	contact	month	day_of_week	...	campaign	pdays	previous	pout
0	44.0	1	1	0	1	2	0	0	1	2	...	1	999	0	1
1	53.0	9	1	7	0	0	0	0	7	0	...	1	999	0	1
2	28.0	4	2	6	0	1	0	0	4	2	...	3	6	2	2
3	39.0	7	1	3	0	0	0	0	0	0	...	2	999	0	1
4	55.0	5	1	0	0	2	0	0	1	0	...	3	3	1	2

5 rows × 21 columns

图 1.36　非数值列转换为数值形式

在图1.36中，我们看到所有值都已从分类型转换为数值型，即原始数据已被转换并替换为新编码的数据。

3. One-Hot 编码

标签编码用于将分类数据转换为数值数据，并为这个数值分配了标签值（如1、2、3）。使用此数值数据进行分析时，预测模型可能会会将这些标签值误认为是某种顺序（如模型可能会认为标签值3比标签值1 "更好"，这是不正确的）。为了避免这种混淆，我们可以使用One-Hot编码。在这里，进一步将标签编码的数据分为n列，其中，n表示在进行标签编码时生成的唯一标签总量。

例如，假设通过标签编码生成了3个新标签，然后在进行One-Hot编码时，这些列将分为3个部分，因此，n的值为3。为了更加清楚地掌握One-Hot编码，下面来进行一个练习。

练习8：使用One-Hot编码将分类数据转换为数值数据

在本练习中，将Banking_Marketing.csv数据集加载到Pandas数据框中，然后使用One-Hot编码将分类数据转换为数值数据。具体操作步骤如下。

注释：Banking_Marketing.csv数据集的下载地址为 https://github.com/TrainingByPackt/Data-Science-with-Python/blob/master/Chapter01/Data/Banking_Marketing.csv。

（1）打开Jupyter笔记本并添加一个新数据表df。导入Pandas库，然后将数据集加载到Pandas DataFrame中，并赋值给df。

```
import pandas as pd
import numpy as np
from sklearn.preprocessing import OneHotEncoder
dataset = 'https://github.com/TrainingByPackt/Master_Data_Science-with-
            Python/blob/master/Chapter%201/Data/Banking_Marketing.csv'
#reading the data into the dataframe into the object data
df = pd.read_csv(dataset, header=0)
```

（2）编码之前删除所有缺失数据。使用dropna()函数实现该操作。

```
df = df.dropna()
```

（3）选择所有非数值数据列。

```
data_column_category = df.select_dtypes(exclude=[np.number]).columns
data_column_category
```

上面的代码生成输出如图1.37所示。

```
Index(['job', 'marital', 'education', 'default', 'housing', 'loan', 'contact',
       'month', 'day_of_week', 'poutcome'],
      dtype='object')
```

图 1.37　新数据框中的非数值列

（4）输入以下代码，打印新数据框的前5行。

```
df[data_column_category].head()
```

上面的代码生成输出如图1.38所示。

	job	marital	education	default	housing	loan	contact	month	day_of_week	poutcome
0	blue-collar	married	basic.4y	unknown	yes	no	cellular	aug	thu	nonexistent
1	technician	married	unknown	no	no	no	cellular	nov	fri	nonexistent
2	management	single	university.degree	no	yes	no	cellular	jun	thu	success
3	services	married	high.school	no	no	no	cellular	apr	fri	nonexistent
4	retired	married	basic.4y	no	yes	no	cellular	aug	fri	success

图 1.38　非数值数据列前 5 行

（5）导入sklearn.preprocessing程序包，遍历所有类别列，并使用LabelEncoder()函数将分类数据转换为数值数据。

```
#performing label encoding
from sklearn.preprocessing import LabelEncoder
label_encoder = LabelEncoder()
for i in data_column_category
    df[i] = label_encoder.fit_transform(df[i])
print("Label Encoded Data:")
df.head()
```

上面的代码生成输出如图1.39所示。

Label Encoded Data:

	age	job	marital	education	default	housing	loan	contact	month	day_of_week	...	campaign	pdays	previous	pout
0	44.0	1	1	0	1	2	0	0	1	2	...	1	999	0	1
1	53.0	9	1	7	0	0	0	0	7	0	...	1	999	0	1
2	28.0	4	2	6	0	0	0	0	4	2	...	3	6	2	2
3	39.0	7	1	3	0	0	0	0	0	0	...	2	999	0	1
4	55.0	5	1	0	0	2	0	0	1	0	...	1	3	1	2

5 rows × 21 columns

图 1.39　非数值列的值转换为数值数据

（6）完成标签编码后，使用OneHotEncoder()函数进行One-Hot编码。

```
#Performing Onehot Encoding
onehot_encoder = OneHotEncoder(sparse=False)
onehot_encoded = onehot_encoder.fit_transform(df[data_column_category])
```

（7）为One-Hot编码后的数据创建一个新的数据框，并打印出前5行。

```
#Creating a dataframe with encoded data with new column name
onehot_encoded_frame = pd.DataFrame(onehot_encoded, columns = onehot_
encoder.get_feature_names(data_column_category))
onehot_encoded_frame.head()
```

上面的代码生成输出如图1.40所示。

job_0.0	job_1.0	job_2.0	job_3.0	job_4.0	job_5.0	job_6.0	job_7.0	job_8.0	job_9.0	...	month_8.0	month_9.0	day_of_week_0.0
0.0	1.0	0.0	0.0	0.0	0.0	0.0	0.0	0.0	0.0	...	0.0	0.0	0.0
0.0	0.0	0.0	0.0	0.0	0.0	0.0	0.0	0.0	1.0	...	0.0	0.0	1.0
0.0	0.0	0.0	0.0	1.0	0.0	0.0	0.0	0.0	0.0	...	0.0	0.0	0.0
0.0	0.0	0.0	0.0	0.0	0.0	0.0	1.0	0.0	0.0	...	0.0	0.0	1.0
0.0	0.0	0.0	0.0	1.0	0.0	0.0	0.0	0.0	0.0	...	0.0	0.0	1.0

图 1.40　具有 One-Hot 编码值的数据列

（8）进行One-Hot编码操作后，新数据框中的列数相应增加，要查看和打印所有创建的数据列，可使用columns列属性。

```
onehot_encoded_frame.columns
```

上面的代码生成输出如图1.41所示。

```
Index(['job_0.0', 'job_1.0', 'job_2.0', 'job_3.0', 'job_4.0', 'job_5.0',
       'job_6.0', 'job_7.0', 'job_8.0', 'job_9.0', 'job_10.0', 'job_11.0',
       'marital_0.0', 'marital_1.0', 'marital_2.0', 'marital_3.0',
       'education_0.0', 'education_1.0', 'education_2.0', 'education_3.0',
       'education_4.0', 'education_5.0', 'education_6.0', 'education_7.0',
       'default_0.0', 'default_1.0', 'default_2.0', 'housing_0.0',
       'housing_1.0', 'housing_2.0', 'loan_0.0', 'loan_1.0', 'loan_2.0',
       'contact_0.0', 'contact_1.0', 'month_0.0', 'month_1.0', 'month_2.0',
       'month_3.0', 'month_4.0', 'month_5.0', 'month_6.0', 'month_7.0',
       'month_8.0', 'month_9.0', 'day_of_week_0.0', 'day_of_week_1.0',
       'day_of_week_2.0', 'day_of_week_3.0', 'day_of_week_4.0', 'poutcome_0.0',
       'poutcome_1.0', 'poutcome_2.0'],
      dtype='object')
```

图 1.41 One-Hot 编码后生成的新列目录

(9)对于每个分类数据列(类别),都会创建一个新列,为了将新列名作为原类别名的前缀,可以使用Pandas的concat()方法。输入以下代码,在分类名前添加新列名。

```
df_onehot_getdummies = pd.get_dummies(df[data_column_category], prefix=data_
                       column_category)
data_onehot_encoded_data = pd.concat([df_onehot_getdummies,df[data_column_number]],axis = 1)
data_onehot_encoded_data.columns
```

上面的代码生成输出如图1.42所示。

```
Index(['job_admin.', 'job_blue-collar', 'job_entrepreneur', 'job_housemaid',
       'job_management', 'job_retired', 'job_self-employed', 'job_services',
       'job_student', 'job_technician', 'job_unemployed', 'job_unknown',
       'marital_divorced', 'marital_married', 'marital_single',
       'marital_unknown', 'education_basic.4y', 'education_basic.6y',
       'education_basic.9y', 'education_high.school', 'education_illiterate',
       'education_professional.course', 'education_university.degree',
       'education_unknown', 'default_no', 'default_unknown', 'default_yes',
       'housing_no', 'housing_unknown', 'housing_yes', 'loan_no',
       'loan_unknown', 'loan_yes', 'contact_cellular', 'contact_telephone',
       'month_apr', 'month_aug', 'month_dec', 'month_jul', 'month_jun',
       'month_mar', 'month_may', 'month_nov', 'month_oct', 'month_sep',
       'day_of_week_fri', 'day_of_week_mon', 'day_of_week_thu',
       'day_of_week_tue', 'day_of_week_wed', 'poutcome_failure',
       'poutcome_nonexistent', 'poutcome_success', 'age', 'duration',
       'campaign', 'pdays', 'previous', 'emp_var_rate', 'cons_price_idx',
       'cons_conf_idx', 'euribor3m', 'nr_employed', 'y'],
      dtype='object')
```

图 1.42   包含前缀的新列目录

我们已经使用OneHotEncoder类成功地将分类数据转换为数值数据。

下面,我们将进入另一个数据预处理阶段——如何处理数量中各种量级。

1.8 不同量纲的数据

在现实生活中,数据集中的值可能具有各种不同的大小、范围或单位等。使用不同量纲的数据作为参数的算法无法以相同的方式衡量这些(不同量纲的)数据。可以使用数据转换技术转换这些数据至相同的特征,这样算法就可以使用相同范围、大小或单位的参数了。这样的操作可以确保每个特征对模型预测产生适当的影响。

某些数据值的量级可能很大（如年薪），而某些数据值相对很小（如在一家公司的工作年限），数据值较小并不意味着不重要，因此，为保证预测不会因数据特征的量级不同而发生变化，可以对数据进行特征缩放（Feature Scaling）、标准化（Standardization）或归一化（Normalization）等处理，这3种方法是常见的量级处理方法。

练习9：使用 StandardScaler() 方法实现缩放

在本练习中，将把Wholesale customer's data.csv数据集加载到Pandas数据框中，并使用标准化方法对数据进行缩放。该数据集是一个批发分销商的客户信息，包括不同类别产品的年度货币单位支出。具体操作步骤如下。

注释： Wholesale customer's data.csv数据集的下载地址为 https://github.com/TrainingByPackt/Data-Science-with-Python/blob/master/Chapter01/Data/Wholesale%20customers%20data.csv。

（1）打开Jupyter笔记本并添加一个新数据表df。导入Pandas库，然后将数据集加载到Pandas数据框中，并赋值给df。

```
import pandas as pd
dataset = 'https://github.com/TrainingByPackt/Data-Science-with-Python/blob/master/Chapter01/
          Data/Wholesale%20customers%20data.csv'
df = pd.read_csv(dataset, header=0)
```

（2）检查数据集是否有缺失数据，如果有，删除缺失数据。

```
null_ = df.isna().any()
dtypes = df.dtypes
info = pd.concat([null_,dtypes],axis = 1,keys = ['Null','type'])
print(info)
```

上面的代码生成输出如图1.43所示。

```
                   Null    type
Channel            False   int64
Region             False   int64
Fresh              False   int64
Milk               False   int64
Grocery            False   int64
Frozen             False   int64
Detergents_Paper   False   int64
Delicassen         False   int64
```

图 1.43　数据框中不同的列

由图1.43可知，当前数据框一共有8列，都是64位整数类型，由于Null（空值）显示为False（假），这意味着所有列都不存在Null（空值），因此，不需要使用dropna()函数。

（3）对数据进行标准化缩放并打印出新数据集的前5行。要实现该操作，使用sklearn.preprocessing中的StandardScaler()方法，以及fit_transform()方法。

```
from sklearn import preprocessing
std_scale = preprocessing.StandardScaler().fit_transform(df)
scaled_frame = pd.DataFrame(std_scale, columns=df.columns)
```

```
scaled_frame.head()
```

上面的代码生成输出如图1.44所示。

	Channel	Region	Fresh	Milk	Grocery	Frozen	Detergents_Paper	Delicassen
0	1.448652	0.590668	0.052933	0.523568	-0.041115	-0.589367	-0.043569	-0.066339
1	1.448652	0.590668	-0.391302	0.544458	0.170318	-0.270136	0.086407	0.089151
2	1.448652	0.590668	-0.447029	0.408538	-0.028157	-0.137536	0.133232	2.243293
3	-0.690297	0.590668	0.100111	-0.624020	-0.392977	0.687144	-0.498588	0.093411
4	1.448652	0.590668	0.840239	-0.052396	-0.079356	0.173859	-0.231918	1.299347

图 1.44　数据特征缩放至统一单位

以图1.44可知，已使用StandardScaler()方法将所有列的数据特征缩放至统一单位，因此，模型更容易进行预测。

至此，我们已经顺利完成了数据缩放。接下来，我们将在一个练习中学习使用MinMax Scaler()方法进行缩放。

练习10：使用 MinMaxScaler() 方法实现缩放

在本练习中，把Wholesale customers data.csv数据集加载到Pandas数据框中，并使用MinMax Scaler()方法对数据进行缩放操作。具体操作步骤如下。

注释：Wholesale customers data.csv数据集的下载地址为 https://github.com/TrainingByPackt/ Data-Science-with-Python/blob/master/Chapter01/Data/Wholesale%20customers%20data.csv。

（1）打开Jupyter笔记本并添加一个新数据表df。导入Pandas库，然后将数据集加载到Pandas数据框中，并赋值给df。

```
import pandas as pd
dataset = 'https://github.com/TrainingByPackt/Data_Science-with-Python/blob/
master/Chapter01/Data/Wholesale%20customers%20data.csv'
df = pd.read_csv(dataset, header=0)
```

（2）检查数据集是否有缺失数据，如果有，删除缺失数据。

```
null_ = df.isna().any()
dtypes = df.dtypes
info = pd.concat([null_, dtypes], axis = 1, keys = ['Null', 'type'])
print(info)
```

上面的代码生成输出如图1.45所示。

```
                  Null   type
Channel           False  int64
Region            False  int64
Fresh             False  int64
Milk              False  int64
Grocery           False  int64
Frozen            False  int64
Detergents_Paper  False  int64
Delicassen        False  int64
```

图 1.45　数据框的不同列

由图 1.45 可知，当前数据框一共有 8 列，都是 64 位整数类型，由于 Null（空值）显示为 False（假），表示所有列都不存在 Null（空值）。因此，不需要使用 dropna() 函数。

（3）进行 MinMax 缩放并打印新数据集的前 5 行。要执行该操作，可使用 sklearn.preprocessing 中的 MinMaxScaler() 和 fit_transform() 方法。

```
from sklearn import preprocessing
minmax_scale = preprocessing.MinMaxScaler().fit_transform(df)
scaled_frame = pd.DataFrame(minmax_scale,columns=df.columns)
scaled_frame.head()
```

上面的代码生成输出如图 1.46 所示。

	Channel	Region	Fresh	Milk	Grocery	Frozen	Detergents_Paper	Delicassen
0	1.0	1.0	0.112940	0.130727	0.081464	0.003106	0.065427	0.027847
1	1.0	1.0	0.062899	0.132824	0.103097	0.028548	0.080590	0.036984
2	1.0	1.0	0.056622	0.119181	0.082790	0.039116	0.086052	0.163559
3	0.0	1.0	0.118254	0.015536	0.045464	0.104842	0.012346	0.037234
4	1.0	1.0	0.201626	0.072914	0.077552	0.063934	0.043455	0.108093

图 1.46　数据特征缩放至统一单位

由图 1.46 可知，通过使用 MinMaxScaler 方法，再次将所有列的数据特征缩放至统一单位。在 1.9 节中，我们将学习另一个预处理任务——数据离散化。

1.9　数据离散化

数据离散化是将连续数据分组转换为多个离散分区（Discrete Buckets）的过程。众所周知，离散化数据易于维护，与连续数据相比，模型训练使用离散化数据变得更快、更高效。尽管连续数据包含更多信息，但是大量数据会使模型学习变慢。离散化可以在两者之间取得平衡。著名的数据离散化方法有分组/分箱（Binning）法和使用直方图法。尽管数据离散化很有用，但是有效地选择每个分区的范围是一项具有挑战性的工作。

离散化的主要挑战是选择间隔或分组的数量，以及如何确定其宽度。在这里，使用 pd.cut() 的函数，该函数对实现分段数据的分区和排序很有用。

练习 11：连续数据的离散化

在本练习中，将加载 Student_bucketing.csv 数据集并进行分区。数据集包含学生详细信息，如 Student_id、Age、Grade、Employed 和 marks 等。具体操作步骤如下。

注释：Student_bucketing.csv 数据集的下载地址为 https://github.com/TrainingByPackt/Data-Science-with-Python/blob/master/Chapter01/Data/Student_bucketing.csv。

（1）打开 Jupyter 笔记本并添加一个新数据表 df。导入所需的库，然后将数据集加载到 Pandas

数据框中，并赋值给df。

```
import pandas as pd
dataset = "https://github.com/TrainingByPackt/Data-Science-with-Python/blob/
            master/Chapter01/Data/Student_bucketing.csv"
df = pd.read_csv(dataset, header = 0)
```

（2）加载完数据框后，显示数据框的前5行数据。

```
df.head()
```

上面的代码生成输出如图1.47所示。

	Student_id	Age	Grade	Employed	marks
0	1	19	1st Class	yes	29
1	2	20	2nd Class	no	41
2	3	18	1st Class	no	57
3	4	21	2nd Class	no	29
4	5	19	1st Class	no	57

图 1.47　数据框的前 5 行

（3）对marks数据列使用pd.cut()函数进行分区，并显示出前10列。pd.cut()函数调用诸如x、bin和label等参数，具体代码如下。

```
df['bucket']=pd.cut(df['marks'],5,labels=['Poor','Below_
average','Average','Above_Average','Excellent'])
df.head(10)
```

上面的代码生成输出如图1.48所示。

	Student_id	Age	Grade	Employed	marks	bucket
0	1	19	1st Class	yes	29	Poor
1	2	20	2nd Class	no	41	Below_average
2	3	18	1st Class	no	57	Average
3	4	21	2nd Class	no	29	Poor
4	5	19	1st Class	no	57	Average
5	6	20	2nd Class	yes	53	Average
6	7	19	3rd Class	yes	78	Above_Average
7	8	21	3rd Class	yes	70	Above_Average
8	9	22	3rd Class	yes	97	Excellent
9	10	21	1st Class	no	58	Average

图 1.48　具有 5 个离散分区的 marks 列

在上面的代码中，pd.Cut()函数的第1个参数表示一个数组，这里选择数据框中的marks数据列作为数组;5表示分组的数量;由于将分组(bin)值设置为5,因此需要引入5个值来补充标签(lables):Poor、Below_average、Average、Above_Average、Excellent。在图1.48中,可以看到整个连续marks数据列被分为5个离散的分区。

目前,我们的学习已经涵盖了数据预处理涉及的所有主要工作。在1.10节中,我们将详细介绍如何训练数据和测试数据。

1.10 训练和测试数据

将数据预处理为模型可以使用的格式后,需要将数据分为训练集和测试集。这是因为机器学习算法将使用训练集中的数据来学习需要知道的内容,然后根据已学习到的知识对测试集中的数据进行预测。接着,可以对比预测值和测试集中的实际目标变量,检测模型的精确度。

训练集和测试集需要按比例来拆分,较大部分作为训练集,而较小部分作为测试集,这将确保有足够的数据来准确地训练模型。

通常按照帕累托原理以80∶20的比例进行训练/测试(数据集)拆分。帕累托模型:"对于许多情况,大约80%的事件是由20%的原因引起的。"但是,如果数据集足够庞大,那么实际上是按80∶20拆分,还是按90∶10或60∶40拆分都没有关系。如果计算量很大,最好使用较小的拆分集作为训练集,但这样可能会导致过度拟合的问题,这种问题将在后续章节介绍。

练习12:拆分数据为训练集和测试集

在本练习中,将USA_Housing.csv数据集(在前面用过)加载到Pandas数据框中,并进行训练集/测试集拆分。具体操作步骤如下。

注释: USA_Housing.csv数据集的下载地址为 https://github.com/TrainingByPackt/Data-Science-with-Python/blob/master/Chapter01/Data/USA_Housing.csv。

(1)打开Jupyter笔记本,向Pandas添加一个新数据表df。把数据集加载到Pandas数据框中,并赋值给df。

```
import pandas as pd
dataset = 'https://github.com/TrainingByPackt/Data-Science-with-Python/blob/
          master/Chapter01/Data/USA_Housing.csv'
df = pd.read_csv(dataset, header=0)
```

(2)创建一个名为X的变量用于存储独立特征。使用drop()函数保留除因变量或目标变量(本例中指Price)外的所有特征,然后,打印出变量的前5行。

```
X = df.drop('Price', axis=1)
X.head()
```

上面的代码生成输出如图1.49所示。

	Avg. Area Income	Avg. Area House Age	Avg. Area Number of Rooms	Avg. Area Number of Bedrooms	Area Population	Address
0	79545.458574	5.682861	7.009188	4.09	23086.800503	208 Michael Ferry Apt. 674\nLaurabury, NE 3701...
1	79248.642455	6.002900	6.730821	3.09	40173.072174	188 Johnson Views Suite 079\nLake Kathleen, CA...
2	61287.067179	5.865890	8.512727	5.13	36882.159400	9127 Elizabeth Stravenue\nDanieltown, WI 06482...
3	63345.240046	7.188236	5.586729	3.26	34310.242831	USS Barnett\nFPO AP 44820
4	59982.197226	5.040555	7.839388	4.23	26354.109472	USNS Raymond\nFPO AE 09386

图 1.49　由自变量构成的数据框

（3）使用X.shape命令打印新创建的特征矩阵的维度。

```
X.shape
```

上面的代码生成输出如图 1.50 所示。

$$(5000, 6)$$

图 1.50　变量 X 的维度

图 1.50 中，第 1 个值表示数据集中观测值的数量（5000），第 2 个值表示特征的数量（6）。

（4）创建一个名为y的变量用来存储目标值。使用索引从df数据框中提取名为Price的数据列，并打印出前 10 行。

```
y = df['Price']
y.head(10)
```

上面的代码生成输出如图 1.51 所示。

```
0    1.059034e+06
1    1.505891e+06
2    1.058988e+06
3    1.260617e+06
4    6.309435e+05
5    1.068138e+06
6    1.502056e+06
7    1.573937e+06
8    7.988695e+05
9    1.545155e+06
Name: Price, dtype: float64
```

图 1.51　变量 y 的前 10 个值

（5）使用y.shape命令打印新变量的维度。

```
y.shape
```

上面的代码生成输出如图 1.52 所示。

$$(5000,)$$

图 1.52　变量 y 的维度

y变量的维度是一，长度等于观察值的数量（5000）。

（6）以80∶20比例制作训练集/测试集。实现该操作，可使用sklearn.model_selection包中的train_test_split()函数。代码如下。

```
from sklearn.model_selection import train_test_split
X_train, X_test, y_train, y_test = train_test_split(X, y, test_size=0.2,random_
    state=0)
```

在上面的代码中，test_size是一个定义测试数据大小的浮点数。若该值为0.2，表明按照80∶20比例拆分数据。train_test_split以随机方式将数组或矩阵拆分为训练子集和测试子集。每次运行不带有random_state的代码，都会得到不同的结果。

（7）打印X_train、X_test、y_train和y_test的维度。

```
print("X_train : ",X_train.shape)
print("X_test : ",X_test.shape)
print("y_train : ",y_train.shape)
print("y_test : ",y_test.shape)
```

上面的代码生成输出如图1.53所示。

```
X_train :  (4000, 6)
X_test :  (1000, 6)
y_train :  (4000,)
y_test :  (1000,)
```

图 1.53　训练集和测试集的维度

到此已成功将数据拆分为训练集和测试集。

作业1：使用银行营销订阅数据集进行预处理

在本作业中，将基于Bank Marketing.csv数据集进行各种预处理操作。该数据集是关于葡萄牙某银行机构的营销活动的数据。该银行机构通过电话方式销售一种新产品，数据集记录了每个客户是否订阅了该产品。具体操作步骤如下。

注释：Bank Marketing.csv数据集的下载地址为https://github.com/TrainingByPackt/Data-Science-with-Python/blob/master/Chapter01/Data/Banking_Marketing.csv。

（1）将给定链接中的数据集加载到Pandas数据框中。

（2）通过查找数据集的行数和列数，列出所有列的基本统计信息[可以使用describe().transpose()函数]，并根据列出数据列的基本信息来浏览数据的特征[可以使用info()函数]。

（3）检查是否有缺失（或Null）值。如果有，则查找每列中有多少缺失值。

（4）删除所有缺失值。

（5）打印education列的频率分布。

（6）数据集的education列有许多类别，为了更好地建模，需要减少一部分类别。

（7）为数据选择一种合适的编码方法。

（8）将数据分为训练集和测试集，80％为训练集，20％为测试集。y列为目标数据，其余列为独立（变量）数据。

下面进一步详细学习数据科学家常用的各种类型的机器学习算法。

1.11 监督学习

监督学习是一种使用标签数据（其中，目标变量为已知数据）进行训练的学习系统。机器学习特征矩阵中的模式如何映射到目标变量呢？当输入新的数据集时，训练后的机器会使用学习到的知识来预测目标变量。这个过程也可以称为预测建模。

监督学习大致分为以下三种类型。

（1）分类问题。主要处理分类型目标变量。分类算法帮助预测数据点属于哪个组或类别。

当在两个类别之间进行预测时，称为二分类。例如，预测客户是否会购买某种产品，类别为"是"和"否"。

如果预测涉及两个以上的目标类别，则称为多分类。例如，预测一个客户将购买的所有商品。

（2）回归问题。主要处理数值型目标变量。基于训练集，回归算法预测目标变量的数值。

线性回归分析是解释一个或多个预测变量与一个结果变量之间的联系。例如，线性回归可以枚举出年龄、性别和饮食（预测变量）对身高（结果变量）的相对影响。

（3）时间序列分析。顾名思义，处理的是关于时间分布的数据，即按时间顺序排列的数据。例如，股市预测和客户流失预测就属于时间序列分析。根据需求或必要性，时间序列分析可以是一个回归问题，也可以是一个分类问题。

1.12 无监督学习

与监督学习不同，无监督学习过程既不涉及分类数据，也不涉及标签数据，算法将在无指导的情况下对数据进行分析。机器的任务是根据数据的相似性，对未聚类的信息进行分组。该模型的目的是发现数据中的模式，了解数据要告诉我们什么并作出预测。

以一整批未标记的客户数据为例，使用无监督学习查找模式进行客户分组，可以将不同的产品销售给不同的分组，实现利润的最大化。

无监督学习大致可分为两种类型。

（1）聚类分析。聚类分析有助于发现数据中的固有模式。

（2）关联分析。关联分析规则是一种查找与大量数据相关联模式的独特的方法。例如，假设某人购买产品1时，也倾向于购买产品2。

1.13　强化学习

强化学习是机器学习中一个广阔的领域，机器通过研究已执行操作的结果，学习在某个环境中执行下一步操作。强化学习无法给定一个答案，学习机器决定执行指定任务时应采取的操作。这种学习既有奖励，也有惩罚。

无论使用哪种类型的机器学习，都希望能够评估出模型的有效程度。我们可以使用各种性能指标对模型进行评估。

1.14　性能指标

机器学习中有不同的评估指标，这些指标取决于数据的类型和要求。一些常用的指标为混淆矩阵（Confusion Matrix）、精确度（Precision）、召回率（Recall）、准确率（Accuracy）、F1 分数（F1 score）。

1. 混淆矩阵

混淆矩阵是已知实际值，定义分类模型在测试数据上的性能的一个表，（举例）如图 1.54 所示。

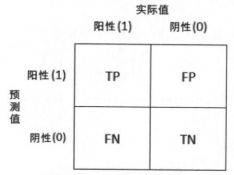

图 1.54　预测值与实际值对比

下面对混淆矩阵的概念及其评定标准（TP、TN、FP 和 FN）进行详细研究。假设建立一个预测怀孕的模型。

（1）TP（真阳性）。性别为女性，实际上已经怀孕，模型预测为真。

（2）FP（假阳性）。性别为男性，模型预测为真，这种情况不会发生，是一种错误，称为1 类错误。

（3）FN（假阴性）。性别为女性，实际上已经怀孕，而模型预测为假，也是一种错误，称为2 类错误。

（4）TN（真阴性）。性别为男性，模型预测为假，是一个真阴性。

1类错误比2类错误更加危险，依据问题的不同，必须弄清楚是需要减少1类错误，还是减少2类错误。

2. 精确度

精确度等于模型预测的TP结果与阳性结果总数的比。精确度指标是计算模型有多精确，如下所示。

$$精确度 = \frac{真阳性}{(真阳性+假阳性)} = \frac{真阳性}{预测的阳性合计}$$

3. 召回率

召回率是计算模型预测的真阳性（TP）结果的比。

$$召回率 = \frac{真阳性}{(真阳性+假阴性)} = \frac{真阳性}{实际的阳性合计}$$

4. 准确率

准确率是计算模型预测的结果总数中阳性预测结果的比。

$$准确率 = \frac{阳性预测结果数量}{预测的结果总计}$$

5. F1 分数

F1分数是另一种准确度度量，它允许在精确度和召回率之间实现一种平衡。

$$F1分数 = \frac{2 \times 精确度 \times 召回率}{(精确度+召回率)}$$

当考虑模型的性能时，我们必须掌握预测误差的其他两个重要概念：偏差和方差。

1.15 偏差和方差

1. 偏差

偏差是预测值与实际值之间的距离。高偏差意味着该模型非常简单，无法捕获数据的复杂性，从而导致所谓的欠拟合。

2. 方差

高方差是模型在训练集上表现得效果太好。这会导致过度拟合，并使模型对训练数据过于特别，这意味着模型在测试数据上会表现不佳。

假如正在建立一个线性回归模型，预测一个国家的汽车市场价格。可以根据现有的关于汽车及其价格的大型数据集，预测更多的汽车价格。

在使用数据集训练模型时，我们只希望模型在数据集内发现该模式，如果超出这个范围，模型将开始记忆训练集，汽车价格预测模型相对于数据集的训练程序如图1.55所示。图1.55（a）表明该模型还没有学习足够知识，无法对测试集进行良好的预测；图1.55（c）表示该模型已对训练集数据进行记忆，这意味着准确率会得100分而错误率为0分。但是，如果我们对测试数据进行预测，则图1.55（b）所示模型的性能将优于图1.55（c）。

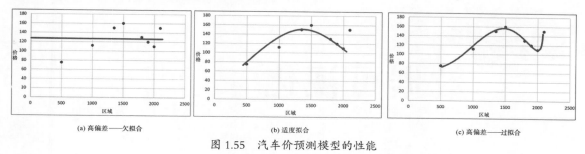

(a) 高偏差——欠拟合　　　　　　(b) 适度拟合　　　　　　(c) 高偏差——过拟合

图 1.55　汽车价预测模型的性能

1.16　本章小结

本章首先介绍了数据科学的基础知识，并探讨了科学的使用方法、步骤以及算法从数据中提取基础信息的过程；介绍数据预处理，包括数据清理、数据整合、数据转换以及数据离散化等知识。

其次，介绍了使用机器学习算法构建模型时如何将预处理后的数据拆分为训练集和测试集，以监督学习、无监督学习和强化学习算法等。

最后，本章介绍了不同的指标，包括混淆矩阵、精确度、召回率、准确率和F1分数等。

第2章

数据可视化

【学习目标】

学完本章，读者能够做到：

- 使用函数法创建和自定义折线图、柱状图、直方图、散点图和箱线图。
- 开发一个程序化的、描述性的绘图标题。
- 介绍通过面向对象方法创建Matplotlib绘图的优点。
- 创建包含单个坐标轴或多个坐标轴的可调用绘图对象。
- 调整和保存带有多个子图的图形对象。
- 使用Matplotlib创建和自定义常见的图表类型。

2.1　引言

数据可视化是一个功能强大的工具，能让用户非常快速地理解大量数据。数据可视化中有不同类型的图表，可以满足各种需求。在商业应用上，折线图和柱状图非常常见，分别显示数据随时间变化的趋势以及各组数据之间的指标对比。另外，统计学家可能对使用散点图或相关矩阵检验变量之间的相关性更感兴趣。他们还利用直方图检验变量的分布，或使用箱线图检验异常值等。饼图广泛应用于两个或多个分类之间的数据总量对比。数据可视化仅受限于人的想象力，它可以是非常复杂且富有创意的。

Python的Matplotlib库是一个配置文件完备的二维绘图库，可用于创建各种功能强大的数据可视化工具，其目的是"让简单的事情变得容易，让困难的事情成为可能"。

使用Matplotlib库创建绘图有两种方法，即函数法和面向对象法。

在函数法中，绘图是由一组有顺序的函数创建和自定义的。但是，函数法不允许图形作为对象保存到环境中；而面向对象法是有可能实现的。在面向对象法中，创建一个绘图对象，并为一个绘图或多个子绘图分别配置一个坐标轴或多个坐标轴。也可以自定义一个坐标轴或多个坐标轴，并通过调用图形对象启用单个绘图集或多个绘图集。

本章将使用函数法创建和自定义折线图、柱状图、直方图、散点图和箱线图等。然后，将学习如何使用面向对象法创建和自定义单轴图与多轴图。

2.2　函数法

在Matplotlib库中，函数法绘图是一种快速生成单轴图的方法。通常，这种方法适合初学者学习。函数法允许用户自定义并将绘图保存为选定目录中的图像文件。在下面的练习和作业中，将学习如何使用函数法构建折线图、柱状图、直方图、散点图和箱线图。

练习13：函数法——折线图

使用Matplotlib库创建一个折线图并对其进行自定义。

（1）利用以下代码，沿水平轴方向上生成一个由20个介于 $0 \sim 10$、服从均匀分布的数字构成的数组。

```
import numpy as np
x = np.linspace(0, 10, 20)
```

（2）创建数组对象y，求x值的立方，并将其保存到数组y中。

```
y = x**3
```

（3）开始绘图。

```
import matplotlib.pyplot as plt
plt.plot(x, y)
plt.show()
```

绘图结果如图2.1所示。

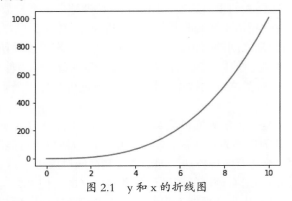

图 2.1　y 和 x 的折线图

（4）添加x轴标签，将该标签命名为Linearly Spaced Numbers。

```
plt.xlabel('Linearly Spaced Numbers')
```

（5）添加y轴标签，将该标签命名为y Value。

```
plt.ylabel('y Value')
```

（6）添加图形标题，标题的内容为 x by x Cubed。

```
plt.title('x by x Cubed')
```

（7）在plt.plot()函数中将颜色参数设置为k，将线条颜色更改为黑色。

```
plt.plot(x,y,'k')
```

（8）通过plt.show()函数将图打印到控制台中，输出结果如图2.2所示。

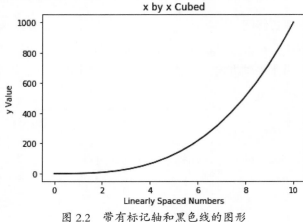

图 2.2　带有标记轴和黑色线的图形

（9）将线符号更改为菱形，在plt.plot()函数中将字符参数（即D）与颜色参数（即k）组合使用，如下所示。

```
plt.plot(x,y,'DK')
```

结果输出如图2.3所示。

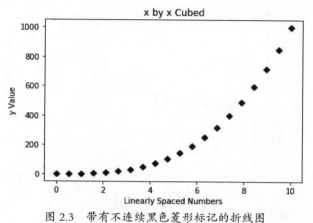

图 2.3   带有不连续黑色菱形标记的折线图

（10）通过在plt.plot()函数的字符参数和颜色参数" D"与" k"之间添加"–"的方式，用实线串联菱形标记。

```
plt.plot (x, y, 'D-k')
```

代码输出如图2.4所示。

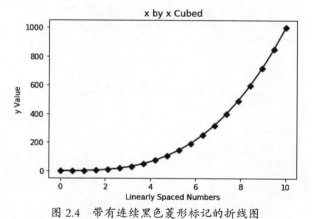

图 2.4   带有连续黑色菱形标记的折线图

（11）通过使用plt.title()函数中的fontsize参数，可以增加标题的字体尺寸，如下所示。

```
plt.title ('x by x Cubed', fontsize = 22)
```

（12）将图形打印到控制台。

```
plt.show()
```

（13）输出如图2.5所示。

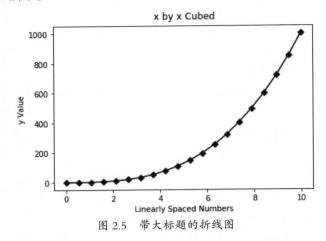

图 2.5　带大标题的折线图

在本练习中，使用函数法创建了一个单线图形，并通过设置图形样式使其看起来更加美观。由于在一个图中比较多组数据的趋势比较常见，因此，练习14将详细介绍如何在一个折线图中绘制多条线，以及如何创建图例区分这些线。

练习 14：函数法——在图中添加第二条线

使用Matplotlib库在折线图中添加另一条线非常容易，通过指定另一个plt.plot()实例即可。在本练习中，我们将对x^3和x^2各自绘制一条线。

（1）新增一个y2对象，对x求平方并赋值给y2，如下所示。

```
y2 = x**2
```

（2）通过向既有的绘图添加plt.plot（x,y2）的方式，在同一个的图中绘制y2。

输出如图2.6所示。

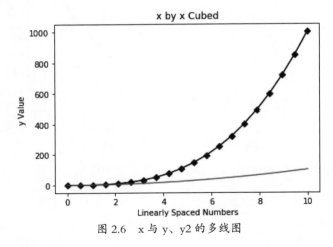

图 2.6　x 与 y、y2 的多线图

（3）将y2的颜色更改为红色虚线。

```
plt.plot(x, y2, '--r')
```

输出如图2.7所示。

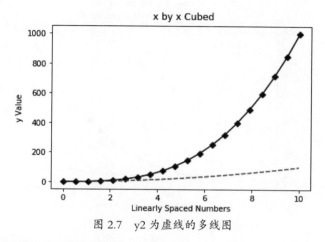

图 2.7　y2 为虚线的多线图

（4）使用plt.plot()函数内的标签参数将y标记为"x cubed"。

```
plt.plot(x, y, 'D-k', label ='x cubed ')
```

（5）使用同样的方法将y2标记为"x squared"。

```
plt.plot(x, y2, '--r', label ='x squared ')
```

（6）使用plt.legend（loc ='upper left'）指定图例的位置，输出如图2.8所示。

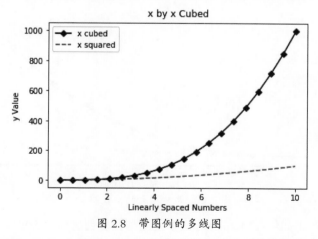

图 2.8　带图例的多线图

（7）要将一行字符串分成几行,可在字符串每一个新行的开头使用"\n"。因此,通过以下代码,可以创建图形显示的标题。

```
plt.title('As x increases, \nx Cubed (black) increases \nat a Greater Rate
than \nx Squared (red)', fontsize=22)
```

输出如图2.9所示。

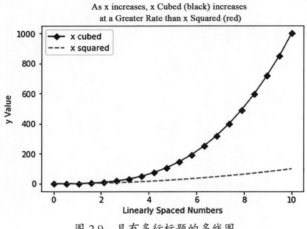

图 2.9　具有多行标题的多线图

（8）要更改图形的尺寸，需在plt实例开头添加plt.Figure(figsize =(10,5))，figsize参数的10和5分别指定图形的宽度和高度。

输出如图2.10所示。

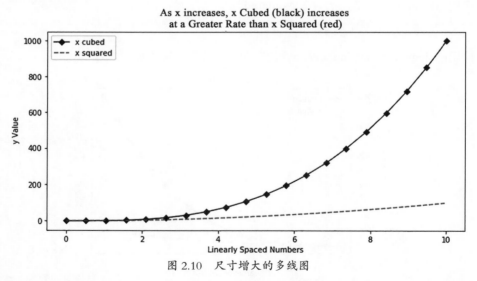

图 2.10　尺寸增大的多线图

在本练习中，学习了如何在Matplotlib库中使用函数法创建和设置单线图与多线图。为了巩固学习，我们将绘制另一幅样式稍有不同的单线图。

作业 2：折线图

创建一个分析 1 ～ 6 月已售出商品月度趋势的折线图。图的趋势将是正向和线性的，用带有星形标记的蓝色虚线表示。x轴标记为Month，y轴标记为Items Sold，标题为Items Sold has been Increasing Linearly。

（1）创建一个由6个字符构成的串列表x，保存月份1 ～ 6月。

（2）创建一个由6个值构成的列表y，保存Items Sold的值，其中Items Sold的值从1000开始，每个值增加200，因此最大值为2000。

（3）生成所描述的图。

所得到的结果如图2.11所示。

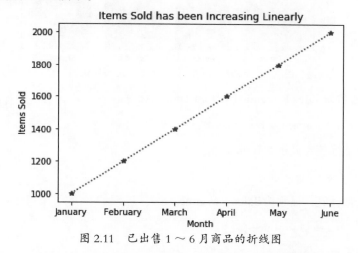

图 2.11　已出售 1 ～ 6 月商品的折线图

到目前为止，我们学习并练习了如何创建和设置折线图。折线图通常用于显示数据的变化趋势，然而，当需要进行数据组之间的数值比较时，可视化通常会选择柱状图。下面我们将学习如何创建柱状图。

练习 15：创建柱状图

创建柱状图按商品类型显示销售收入。

（1）创建一个商品类型列表，并将其保存为x。

```
x = ['Shirts', 'Pants','Shorts','Shoes']
```

（2）创建一个销售收入列表，并将其保存为y。

```
y = [1000, 1200, 800, 1800]
```

（3）创建柱状图并将其打印到控制台。

```
import matplotlib.pyplot as plt
plt.bar(x, y)
```

```
plt.show()
```

输出如图2.12所示。

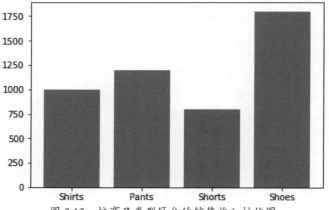

图 2.12　按商品类型区分的销售收入柱状图

（4）为图表添加名为Sales Revenue by Item Type的标题。

```
plt.title(Sales Revenue by Item Type")
```

（5）创建一个x轴标签，显示为Item Type。

```
plt.xlabel('Item Type')
```

（6）添加一个y轴标签，显示为Sales Revenue（$）。

```
plt.ylabel('Sales Revenue ($)')
```

输出如图2.13所示。

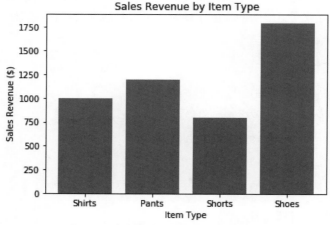

图 2.13　自定义坐标轴和标题的柱状图

（7）添加一个会根据绘制的数据而变化的标题。例如，将标题显示为Shoes Produce the Most

Sales Revenue。首先，在y中找到最大值的索引，并将其保存为index_of_max_y对象。

```
index_of_max_y = y.index(max(y))
```

（8）将列表x中索引为index_of_max_y的产品项保存到most_sold_item对象中。

```
most_sold_item = x[index_of_max_y]
```

（9）运行标题程序。

```
plt.title('{} Produce the Most Sales Revenue'.format(most_sold_item))
```

输出如图2.14所示。

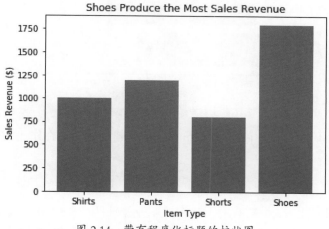

图2.14　带有程序化标题的柱状图

（10）如果希望将柱状图转换为水平柱状图，可以通过plt.barh(x, y)替换plt.bar(x, y)实现。
输出如图2.15所示。

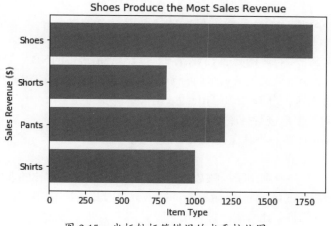

图2.15　坐标轴标签错误的水平柱状图

注释： 请记住，当柱状图从垂直柱状图转换为水平柱状图时，x轴和y轴需要对调。

（11）将x和y标签分别从plt.xlabel（'Item Type'）和plt.ylabel（'Sales Revenue ($)'）切换到plt.xlabel（'Sales Revenue ($)'）和plt.ylabel（'Item Type'）。

最终的柱状图输出如图2.16所示。

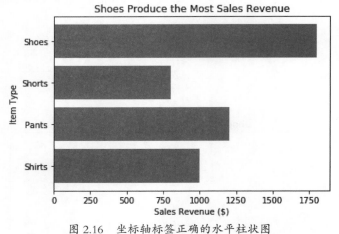

图 2.16　坐标轴标签正确的水平柱状图

在练习15中，我们学习了如何通过Matplotlib库创建柱状图，在作业3中，我们将继续练习构建柱状图。

作业 3：柱状图

创建一个柱状图，比较5个拥有冠军最多的职业篮球队的NBA冠军数量。要对柱状图进行排序，夺冠最多的篮球队放在左边，而夺冠最少的篮球队放在右边。柱状图为红色，x轴标题为NBA Franchises，y轴标题为Number of Championships，图标题则是程序化的，显示获得冠军最多的篮球队以及冠军的数量。

开始此项作业之前，先上网调研所需的NBA篮球队数据。另外，使用plt.xticks（rotation = 45）将x轴的刻度标签旋转45°，这样可保证标签内容不会重叠，另外要将该图保存到当前目录下。

（1）创建一个包含5个字符串的列表x，保存拥有冠军头衔最多的NBA篮球队名字。

（2）创建一个包含5个数值的列表y，保存与x中的字符串相对应的 Titles Won值。

（3）将x、y分别放入列名为 Team和Title的数据框中。

（4）按 Title降序对数据框进行排序。

（5）制作一个程序化标题并将其保存为title。

（6）生成所描述的柱状图。

折线图和柱状图是两种分别用于反映数据变化趋势与组间数据对比的非常常见且有效的可视化图形。但是，对于更深入的统计分析，生成能够揭示折线图和柱状图无法显示的特征是很重要的。因此，在练习16中，我们将创建常用的统计图。

练习 16: 函数法——直方图

在统计活动中，进行任何类型的数据分析之前，了解连续变量的分布是很有必要的。可以使用直方图来显示数据的分布状态。直方图通过分组（Bin）显示给定数据的频率。

（1）生成一个均值为0、标准差为0.1的大小为100的服从正态分布的数组，并将其保存为y。

```
import numpy as np

y = np.random normal(loc=0, scale=0.1, size=100)
```

（2）导入Matplotlib库，创建直方图。

```
plt.hist(y, bins=20)
```

（3）为x轴创建名为y Value的标签。

```
plt.xlabel('y Value')
```

（4）为y轴创建名为Frequency的标签。

```
plt.ylabel ('Frequency')
```

（5）使用plt.show()函数将生成图形打印到控制台，如图2.17所示。

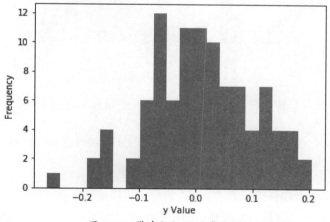

图 2.17 带有轴标记的直方图

（6）当我们看到直方图时，经常会判断其数据是否为正态分布。有时，不是正态分布的却表现为正态的，而有时，是正态分布的却又表现为非正态的。可以采用正态性检验方法Shapiro-Wilk检验对象是否符合正态分布。Shapiro-Wilk检验假设一定样本数据服从正态分布。通过计算显著水平$p<0.05$表示数据服从非正态分布，而$p> 0.05$表示数据服从正态分布。将Shapiro-Wilk检验的W统计值和p值分别保存到shap_w与shap_p对象中。

```
from scipy.stats import shapiro
shap_w, shap_p = shapiro(y)
```

（7）使用if-else语句判断数据是否服从正态分布，并在normal_YN对象中存入适当的字符串。

```
if shap_p > 0.05:
    normal_YN = 'Fail to reject the null hypothesis. Data is normally
distributed.'
else:
    normal_YN = 'Null hypothesis is rejected. Data is not normally
distributed.'
```

（8）通过使用plt.title（normal_YN）将Shapiro-Wilk检验结果normal_YN创建为直方图的程序化标题，并使用plt.show()函数将其打印到控制台。

最终输出如图2.18所示。

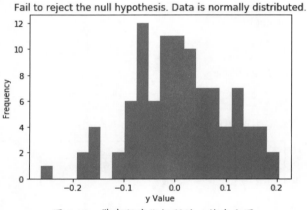

图2.18　带有程序化标题的 y 值直方图

综上所述，直方图用于显示数组的分布状态。另一种常见的探究数值特征的统计图是箱线图，也称为箱形图。

箱线图根据最小值、第一四分位数、中位数、第三四分位数和最大值显示一组数据的分布情况，但它们主要用于显示分布的偏度以及识别异常值。

练习17：函数法——箱线图

在本练习中，我们将学习如何创建箱线图，并在标题中显示有关分布的偏度和异常值的信息。

（1）生成一个均值为0、标准偏差为0.1的100个服从正态分布的数值构成的数组，并将其保存为y。

```
import numpy as np
y = np.random.normal(loc=0, scale=0.1, size=100)
```

（2）创建箱线图并显示。

```
import matplotlib.pyplot as plt
plt.boxplot(y)
plt.show()
```

上面代码的生成输出如图2.19所示。

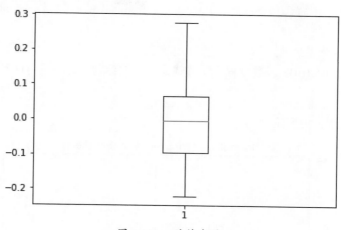

图 2.19　y 的箱线图

注释：该绘图显示一个表示四分位间距（IQR）的方箱。箱的顶部是第一四分位数（即Q1），箱的底部是第三四分位数（即Q3）。穿过箱的橙色线是中位数。在箱上方和下方延伸的两条线是虚线。上虚线的顶部是"最大值"，由Q1 − 1.5 × IQR计算得出。下虚线的底部是"最小值"，由Q3 + 1.5 × IQR计算得出。在"最大"虚线上方或"最小"虚线下方显示的点均为异常值（或边缘异常值）。

（3）导入包shapiro，利用shapiro()函数计算W值和p值并保存，如下所示。

```
from scipy.stats import shapiro
shap_w, shap_p = shapiro(y)
```

（4）从scipy.stats导入zscore，将y转换为z分数。

```
from scipy.stats import zscore
y_z_scores = zscore(y)
```

注释：这是对数据的一种度量，表明每个数据点与平均值之间的标准差。

（5）遍历y_z_scores数组找到异常值。

```
total_outliers = 0
for i in range(len(y_z_scores)):
    if abs(y_z_scores[i]) >= 3:
        total_outliers += 1
```

注释：因为数组y服从正态分布，所以认为数据中不存在异常值。

（6）生成一个标题，说明数据是否服从正态分布以及异常值的数量。如果shap_p > 0.05，则数据服从正态分布；如果shap_p < 0.05，则数据不服从正态分布。使用以下逻辑语句对数据分布情况以及异常值数量进行一并设置。

```
if shap_p > 0.05:
    title = 'Normally distributed with {} outlier(s).'.format(total_outliers)
else:
    title = 'Not normally distributed with {} outlier(s).'.format(total_outliers)
```

（7）通过使用plt.title(title)函数以程序化方式命名绘图标题，并将其打印到控制台。

```
plt.show()
```

（8）最终输出如图2.20所示。

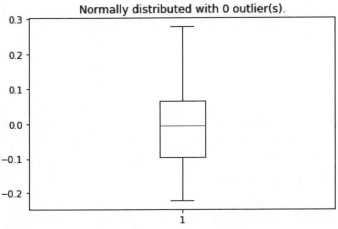

图 2.20 带有程序化标题的箱线图

直方图和箱线图在研究数值型数组特征时是很有效的，但是，它们不提供关于数组之间关系的信息。在练习18中，我们将学习如何创建散点图——一种常用的显示两个连续数组之间关系的可视化工具。

练习 18：散点图

在本练习中，我们将绘制体重与身高的散点图。

（1）生成一串代表身高的数字列表，并将其保存为y。

```
y = [5, 5.5, 5, 5.5, 6, 6.5, 6, 6.5, 7, 5.5, 5.25, 6, 5.25]
```

（2）生成一串代表体重的数字列表。

```
x = [100, 150, 110, 140, 140, 170, 168, 165, 180, 125, 115, 155, 135]
```

（3）新建一个基础散点图，x轴为体重Weight，y轴为身高Height。

```
import matplotlib.pyplot as plt
plt.scatter(x, y)
```

（4）把x轴标记为Weight。

```
plt.xlabel('Weight ')
```

（5）把y轴标记为Height。

```
plt.ylabel('Height ')
```

（6）使用plt.show()函数将绘图打印到控制台。

输出如图2.21所示。

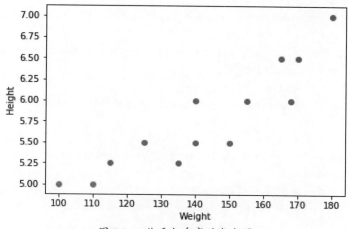

图 2.21　体重与身高的散点图

（7）如果希望绘图标题可以向读者表明两个连续数组间的关系强度，可以使用皮尔逊相关系数。皮尔逊相关系数的计算方法如下。

```
from scipy.stats import pearsonr

correlation_coeff, p_value = pearsonr(x, y)
```

（8）皮尔逊相关系数衡量了两个连续数组间线性关系的强度和方向，下面通过if-else逻辑语句生成绘图标题并返回皮尔逊相关系数。

```
if correlation_coeff == 1.00:
    title = 'There is a perfect positive linear relationship (r = {0:0.2f}).'.
format(correlation_coeff)
elif correlation_coeff >= 0.8:
    title = 'There is a very strong, positive linear relationship(r = {0:0.2f}).'.
format(correlation_coeff)
elif correlation_coeff >= 0.6:
    title = 'There is a strong, positive linear relationship(r = {0:0.2f}).'.
format(correlation_coeff)
elif correlation_coeff >= 0.4:
    title = 'There is a moderate, positive linear relationship(r = {0:0.2f}).'.
format(correlation_coeff)
```

```
elif correlation_coeff >= 0.2:
    title = 'There is a weak, positive linear relationship(r = {0:0.2f}).'.format
(correlation_coeff)
elif correlation_coeff > 0:
    title = 'There is a very weak, positive linear relationship(r =
{0:0.2f}).'.format (correlation_coeff)
elif correlation_coeff == 0:
    title = 'There is no linear relationship(r = {0:0.2f}).'.format(correlation_coeff)
elif correlation_coeff <= -0.8:
    title = 'There is no very strong, negative linear relationship(r = {0:0.2f}).'.
format(correlation_coeff)
elif correlation_coeff <= -0.6:
    title = 'There is a strong, negative linear relationship(r = {0:0.2f}).'.format
(correlation_coeff)
elif correlation_coeff <= -0.4:
    title = 'There is a moderate, negative linear relationship(r = {0:0.2f}).'.format
(correlation_coeff)
elif correlation_coeff <= -0.2:
    title = 'There is a weak, negative linear relationship(r = {0:0.2f}).'.format
(correlation_coeff)
else:
    title = 'There is a very weak, negative linear relationship(r = {0:0.2f}).'.
format(correlation_coeff)
print(title)
```

（9）基于plt.title（title）使用新建的标题对象作为图表标题，输出如图2.22所示。

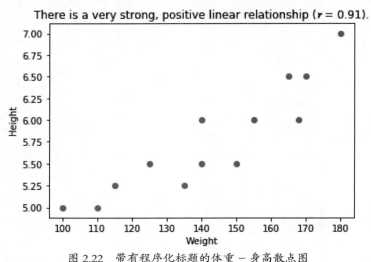

图 2.22　带有程序化标题的体重－身高散点图

到现在为止，我们已经学习了如何使用函数法创建和设置各式的图形。这种绘图方法虽然是快速生成可视化图形的有效方法，但是不允许建立多个子图或是在当前环境下把绘图另存为对象。若要把绘图保存为一个对象，必须使用面向对象法，这将在下面的练习和作业中进行介绍。

2.3　面向对象法创建子图

在Matplotlib库中使用函数法绘图不允许用户将图形保存为当前环境中的对象。在面向对象法中，通过创建一个当作空画布的图形对象，可以向其中添加坐标轴或子图。图形对象可以被调用，并向控制台返回图形。

练习 19：使用子图的单线图

本练习中，将使用面向对象法创建和设置折线图。

（1）创建一个0 ～ 10的20个数线性间隔分布的数组x。

```
import numpy as np
x = np.linspace(0, 10, 20)
```

计算x的立方并保存为y。

```
y = x ** 3
```

（2）创建一个空白图形和一组坐标轴。

```
import matplotlib.pyplot as plt
fig, axes = plt.subplots()
plt.show()
```

输出如图 2.23 所示。

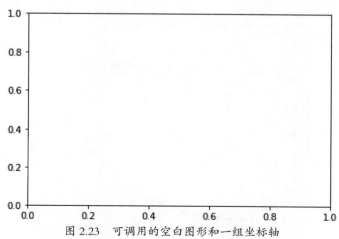

图 2.23　可调用的空白图形和一组坐标轴

注释： 现在已经调用fig对象并返回坐标轴，可以在其中绘图。

55

（3）根据x的值绘制y（即x的立方）。

```
axes.plot(x, y)
```

输出如图2.24所示。

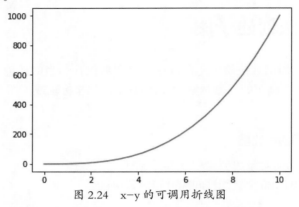

图 2.24　x-y 的可调用折线图

（4）用与练习13中相同的方法对绘图样式进行设置。更改线条的颜色和标记符号（markes），代码如下。

```
axes.plot(x, y, 'D-k')
```

（5）将x轴标签设置为Linearly Spaced Numbers，代码如下。

```
axes.set_xlabel('Linearly Spaced Numbers')
```

（6）将y轴标签设置为y Value，代码如下。

```
axes.set_ylabel('y Value')
```

（7）将标题设置为As x increases，y increases by x cubed，代码如下。

```
axes.set_title('As x increases, y increases by x cubed')
```

输出如图2.25所示。

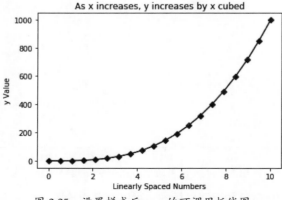

图 2.25　设置样式后 x-y 的可调用折线图

在本练习中，创建了一个与练习13中非常相似的图形，但是现在它是一个可调用的对象。

使用面向对象绘图方法的另一个优点是可以在单个图形对象上创建多个子图，如并排比较不同的数据视图，可以在Matplotlib库中使用子图完成该操作。

练习20：使用子图的多线图

在本练习中，我们将绘制与练习14相同的图，但是会将两个子图绘制在相同的、可调用图形对象中，子图布局为网格形式，并且可以通过[行，列]索引方式进行访问。例如，如果图形对象包含两行两列布局的4个子图，则可按图2.26所示的方式索引每个子图，使用axes [0,0]引用左上方的图，使用axes [1,1]引用右下方的图。

（1）创建x、y和y2 三个变量，代码如下。

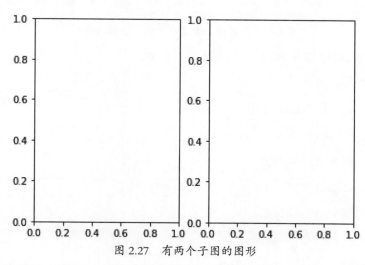

图 2.26　轴索引参考

```
import numpy as np
x = np.linspace(0, 10, 20)
y = x**3
y2 = x**2
```

（2）新建一个两轴（即子图）并列（即1行2列）图形，代码如下。

```
import matplotlib.pyplot as plt

fog, axes = plt.subplots(nrows=1, ncols=2)
```

输出如图2.27所示。

图 2.27　有两个子图的图形

（3）要访问左侧的子图，索引为axes [0]；要访问右侧的子图，索引为axes [1]。 在左侧轴上，基于x绘制y的图形，代码如下。

```
axes[0].plot(x, y)
```

（4）通过以下代码为图形添加标题。

```
axes[0].set_title('x by x Cubed')
```

（5）使用以下代码生成x轴标签。

```
axes[0].set_xlabel('Linearly Spaced Numbers')
```

（6）使用以下代码生成y轴标签。

```
axes[0].set_ylabel('y Value')
```

输出如图2.28所示。

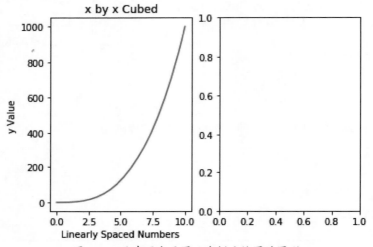

图 2.28　具有两个子图且左侧已绘图的图形

（7）在右侧坐标轴中，基于x绘制y2的图形，代码如下。

```
axes[1].plot(x, y2)
```

（8）通过以下代码为图形添加标题。

```
axes[1].set_title('x by x Squared')
```

（9）使用以下代码生成x轴标签。

```
axes[1].set_xlabel('Linearly Spaced Numbers')
```

（10）使用以下代码生成y轴标签。

```
axes[1].set_ylabel('y Value')
```

输出如图2.29所示。

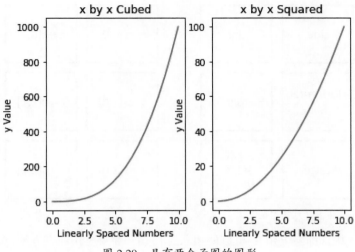

图 2.29　具有两个子图的图形

（11）至此已经成功地创建了两个子图，但是，看起来右侧图的y轴与左侧图重叠。为防止绘图重叠，可以使用plt.tight_layout()函数，图形显示如图2.30所示。

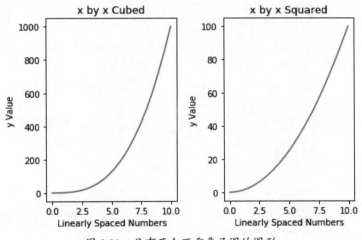

图 2.30　具有两个不重叠子图的图形

作业 4：使用子图的多种绘图类型

在本次作业中，将创建一个包含6个子图的图形，子图布局为三行两列（见图2.31）。
当生成了6个子图图形后，就可以通过［行,列］索引访问每一个子图（见图2.32）。

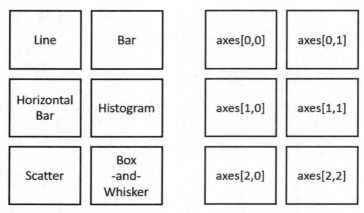

图 2.31　子图的布局　　　　图 2.32　轴索引参考

如果要访问折线图（即左上角），可以使用axes [0,0]，如果要访问直方图（即中间行右侧），可以使用axes [1,1]。具体操作步骤如下。

（1）从GitHub导入Items_Sold_by_Week.csv和Weight_by_Height.csv并生成一个正态分布的数字数组。

（2）生成一个具有三行两列、不重叠的6个空子图的图形。

（3）对具有三行两列、不重叠的6个子图进行标题设置。

（4）利用Items_Sold_by_Week.csv中的数据，在 Line（折线图）、Bar（柱状图）以及 Horizontal Bar（水平柱状图）子图中依据 Week绘制出Items_Sold的图形。

（5）在 Histogram（直方图）和 Box-and-Whisker（箱线图）子图中画出具有 100 个正态分布数的数组。

（6）在 Scatter（散点图）子图中，基于Weight_by_Height.csv的数据依据Height绘制出Weight的图形。

（7）在每个子图中标记x轴和y轴。

（8）增大图的尺寸并保存。

2.4　本章小结

本章先介绍了如何使用Python绘图库Matplotlib通过函数方法新建、自定义以及保存绘图。然后，介绍了描述性标题的重要性，并创建了我们自己的描述性标题——程序化标题。然而，函数法无法创建可调用的图形对象，并且不会返回子图。因此，为了能绘制出具有多个子图的可调用图形对象，介绍了如何使用面向对象法新建、自定义以及保存绘图。绘图需求因分析情况而异，因此本章内容要涵盖所有可能的绘图是不切实际的，要画出可以满足任意需求的强大图形，必须熟悉Matplotlib库中各类的文档说明和示例。

第 3 章

基于 Scikit-Learn 库的机器学习简介

【学习目标】

学完本章，读者能够做到：

- 为不同类型的监督学习模型准备数据。
- 使用网格搜索调整模型超参数。
- 从调整后的模型中提取特征重要性。
- 评估分类和回归模型的性能。

本章将介绍数据处理以及数据分析前的相关准备事项等重要概念。

3.1 引言

Scikit-Learn是面向Python的免费的开源库，包含各种监督和无监督机器学习算法。 此外，Scikit-Learn还提供数据预处理、超参数调整和模型评估函数，Scikit-Learn库简化了模型构建过程，适合在各种平台上安装。 Scikit-Learn库自2007年由David Corneapeau的Google Summer of Code项目建立，经过一系列开发和发布，已发展成为学者和专业人员进行机器学习的主要工具之一。

本章将学习构建各种广泛使用的建模算法，即线性回归与逻辑回归、支持向量机（SVM）、决策树和随机森林等算法。首先，我们将学习线性回归与逻辑回归。

3.2 线性回归与逻辑回归简介

回归是通过一个或多个自变量去预测单个因变量或结果变量，下列案例均可使用回归模型进行分析。需要指出的是，回归模型可以应用于多种情形，并不局限于预测。

（1）根据各种球队的统计数据，预测球队的胜率。

（2）根据家族病史以及各种生理和心理特征数据，预测观测对象患心脏病的风险。

（3）根据天气测量数据，预测未来降雪的可能性。

线性回归与逻辑回归都极具可解释性，且透明度高，并且还有根据训练数据中未发现的值进行进一步推断的能力，因此是预测类问题的常用方法。众所周知，直线可以由其斜率和截距两个重要特征量定义［即 $y = a + bx$，其中，a 表示截距（即 x 为 0 时 y 的值）；b 表示斜率；x 表示自变量］，而线性回归的终极目标是找到一条穿过观测值的直线，令直线与观测值之间的绝对距离（即最佳拟合线）最小化，由此可知，线性回归的前提是，假设特征与连续因变量之间属于线性关系。本节主要介绍两种类型线性回归：简单线性回归和多元线性回归。

3.3 简单线性回归

简单线性回归模型通过 $y = \alpha + \beta x$ 定义一个特征与连续结果变量之间的关系。该等式类似于斜率截距形式，其中 y 表示因变量的预测值；α 表示因变量截距；β 表示斜率；x 表示自变量的值。在给定 x 的情况下，回归模型是用于计算预测 y 值（即 $\hat{y}$）与实际 y 值之间的绝对差最小化的 α 和 β 值。

例如，如果使用身高（m）作为唯一的变量来预测一个人的体重（kg），那么简单线性回归模型将计算出 α 值为 1.5，β 值为 50，此模型可以解释为身高每增加 1 m，重量将增加 50 kg。因此，可以用 $y = 1.5 + (50 \times 1.8)$ 预测 1.8 m 的人对应的体重为 91.5 kg。在以下练习中，将使用 Scikit-Learn库演示简单线性回归。

在本练习中，将使用匈牙利塞格德市2006年4月1日至2016年9月9日间每小时的天气测量值。下 载 地 址 为 https://github.com/TrainingByPackt/DataScience-with- Python/blob/master/Chapter02/ weather.csv。该数据集共包括8个变量的10000个观测值。

（1）Temperature_c：摄氏度。

（2）Humidity：湿度比。

（3）Wind_Speed_kmh：风速，单位为km/h。

（4）Wind_Bearing_Degrees：从正北方向顺时针旋转的风向。

（5）Visibility_km：可见性，单位为km。

（6）Pressure_millibars：大气压力，单位为MPa。

（7）Rain：rain（下雨）= 1，snow（下雪）= 0。

（8）Description：warm（温暖），normal（正常），或cold（寒冷）。

该练习具体操作步骤如下。

（1）使用以下代码导入weather.csv数据集，并赋值给变量df。

```
import pandas as pd
df = pd.read_csv('weather.csv')
```

（2）使用info()函数查看df的描述信息，如图3.1所示。

```
<class 'pandas.core.frame.DataFrame'>
RangeIndex: 10000 entries, 0 to 9999
Data columns (total 8 columns):
Temperature_c          10000 non-null float64
Humidity               10000 non-null float64
Wind_Speed_kmh         10000 non-null float64
Wind_Bearing_degrees   10000 non-null int64
Visibility_km          10000 non-null float64
Pressure_millibars     10000 non-null float64
Rain                   10000 non-null int64
Description            10000 non-null object
dtypes: float64(5), int64(2), object(1)
memory usage: 625.1+ KB
```

图 3.1　df 的描述信息

（3）Description列是df中唯一的分类变量，按照以下代码查看Description列中的层级数。

```
levels = len(pd.value_counts(df['Description']))
print('There are {} levels in the Description column'.format(levels))
```

执行上面的代码显示的Description列中的层级数如图3.2所示。

```
There are 3 levels in the Description column
```

图 3.2　Description 列中的层级数

基于Scikit-Learn库的机器学习简介

63

注释： 多类别分类变量必须通过虚拟编码过程转换为虚拟变量。进行虚拟编码的一个多类别分类变量将会创建 $n-1$ 个新的二进制特征值，这些特征对应于分类变量中的层级。例如，具有3个层级的多类别分类变量将创建两个二进制特征值。因此，对多类别分类特征进行虚拟编码后，必须删除原始特征值。

（4）要对所有多类别分类变量进行虚拟编码，使用以下代码。

```
import pandas as pd
df_dummies = pd.get_dummies(df, drop_first=True)
```

注释： 原始数据框 df 由8列组成，其中Description列是具有3个层级的多类别分类变量。

（5）在步骤（4）中，将Description特征值转换为2，分离了虚拟变量，并删除了原始特征值Description，因此，df_dummies应比df多包含一列（即9列）。 使用以下代码进行查看，结果如图3.3所示。

```
print('There are {} columns in df_dummies' .format(df_dummies.shape[1]))
```

There are 9 columns in df_dummies

图 3.3　虚拟编码后的列数

（6）为了消除数据中任何可能的排序影响，比较好的做法是先打乱数据行的顺序，然后再将数据分类为特征值（X）和因变量（y）。在df_dummies中随机变换行的顺序，代码如下。

```
from sklearn.utils import shuffle
df_shuffled = shuffle(df_dummies, random_state=42)
```

（7）df_dummies中数据已被重新打乱顺序，下面将新数据中的行拆分为特征值（X）和因变量（y）。线性回归用于预测连续结果，因此，假设连续变量**Temperature_c**（摄氏度）是因变量。按照以下代码将df_shuffled拆分为X和y。

```
DV = 'Temperature_c'
X = df_shuffled.drop(DV, axis=1)
y = df_shuffled[DV]
```

（8）使用以下代码，将X和y拆分为测试数据与训练数据。

```
from sklearn.model_selection import train_test_split
X_train, X_test, y_train, y_test = train_test_split(X, y, test_size=0.33,random_state=42)
```

上述过程对原数据集进行了虚拟编码、顺序变换、拆分X和y、将X和y进一步拆分为测试集和训练集的操作，此时经过处理的数据可以用于线性回归模型或逻辑回归模型。

打印X_train的前5行如图3.4所示。

X_train - DataFrame

Index	Humidity	Wind_Speed_kmh	Wind_Bearing_degrees	Visibility_km	Pressure_millibars	Rain	Description_Normal	Description_Warm
5757	0.76	8.4525	38	14.9569	1028.63	1	1	0
7510	0.85	12.88	150	8.05	1021.9	0	0	0
55	0.47	8.0339	267	10.3523	1015.5	1	0	1
1983	0.28	20.8978	300	10.3684	1008	1	1	0
1842	1	6.2629	329	0.2254	1028.13	0	0	0

图 3.4　X_train 的前 5 行

练习 22：拟合简单线性回归模型并确定截距和系数

在本练习中，将继续使用练习 21 中的数据拟合一个简单线性回归模型，实现通过湿度来预测摄氏度，具体操作步骤如下。

（1）要实例化线性回归模型，使用以下代码。

```
from sklearn.linear_model import LinearRegression
model = LinearRegression()
```

（2）使用以下代码，对训练数据中 Humidity 列进行模型拟合，输出如图 3.5 所示。

```
model.fit(X_train[['Humidity']], y_train)
```

```
LinearRegression(copy_X=True, fit_intercept=True, n_jobs=None,
        normalize=False)
```

图 3.5　简单线性回归模型拟合的输出

（3）使用以下代码提取截距的值。

```
intercept = model.intercept_
```

（4）提取系数的值，代码如下。

```
coefficient = model.coef_
```

（5）使用以下代码打印一条预测摄氏度公式的消息，如图 3.6 所示。

```
print('Temperature = {0:0.2f} + ({1:0.2f} × Humidity)'.format(intercept,
coefficient[0]))
```

```
Temperature = 34.50 + (-30.69 x Humidity)
```

图 3.6　通过简单线性回归模型根据湿度预测摄氏度的公式

练习完成得很棒！根据这个简单线性回归模型，可以预测湿度值为 0.78 时的温度为 10.56℃。现在我们已经掌握了简单线性回归模型截距和系数的提取方法，接下来进入对未见过的测试数据进行预测以及后续的模型评估阶段。

练习23：简单线性回归模型的预测生成及性能评估

监督学习真正的目的是利用既有、已标记的数据生成预测。因此，本练习将演示如何基于测试特征进行预测，以及如何通过对比预测与实际值生成模型性能指标。

继续练习22，执行以下操作步骤。

（1）通过以下代码，基于测试数据生成预测值。

```
predictions = model.predict(X_test[['Humidity']])
```

注释：评估模型性能的常用方法是使用散点图检查预测值与实际值之间的相关性。完美的回归模型将在预测值与实际值之间显示一条直线型对角线。预测值与实际值之间的关系可以使用Pearson相关系数r来量化。在接下来的步骤中，我们将创建预测值与实际值的散点图。

（2）创建散点图，并指定X轴、Y轴标签以及图题，图题要能够显示出相关系数，这样可以更容易地读懂绘图，代码如下。

```
import matplotlib.pyplot as plt
from scipy.stats import pearsonr
plt.scatter(y_test, predictions)
plt.xlabel('Y Test (True Values)')
plt.ylabel('Predicted Values')
plt.title('Predicted vs. Actual Values (r = {0:0.2f})'.format(pearsonr(y_
test, predictions)[0], 2))
plt.show()
```

结果输出如图3.7所示。

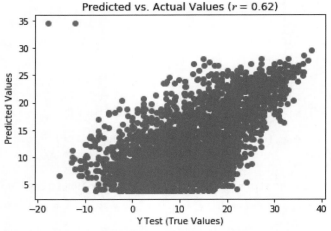

图3.7　简单线性回归模型的预测值与实际值

注释：当Pearson相关系数r值为0.62时，表明预测值与实际值之间存在一定的正线性相关关系。理想的模型将使图中所有的点呈现为一条直线，并且r值为1.0。

（3）数据拟合非常好的模型具有正态分布的残差。参考以下代码，画出残差的密度图。

```
import seaborn as sns
from scipy.stats import shapiro
sns.distplot((y_test - predictions), bins = 50)
plt.xlabel('Residuals')
plt.ylabel('Density')
plt.title('Histogram of Residuals (Shapiro W p-value = {0:0.3f})'.
format(shapiro(y_test - predictions)[1]))
plt.show()
```

代码结果输出如图3.8所示。

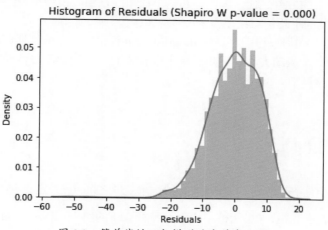

图 3.8　简单线性回归模型的残差直方图

注释： 图3.8所示直方图显示残差为负偏斜，标题中Shapiro W p值进一步向我们证明了该分布不是正态分布，说明模型还有改进的空间。

（4）最后，利用以下代码计算平均绝对误差、均方误差、均方根误差和拟合度等指标，并存入数据框中。

```
from sklearn import metrics
import numpy as np

metrics_df = pd.DataFrame({'Metric':['MAE',
                                     'MSE',
                                     'RMSE',
                                     'R-Squared'],
                    'Value':[metrics.mean_absolute_error(y_test,predictions),
                             metrics.mean_squared_error(y_test,predictions),
                             np.sqrt(metrics.mean_squared_error(y_test,predictions)),
                             metrics.explained_variance_score(y_test,
                                 predictions)]}).round(3)
print(metrics_df)
```

代码结果输出如图3.9所示。

```
     Metric   Value
0       MAE   6.052
1       MSE  56.187
2      RMSE   7.496
3  R-Squared   0.389
```

图 3.9　一个简单线性回归模型的模型评估指标

平均绝对误差（MAE）是预测值与实际值之间的平均绝对差。均方误差（MSE）是预测值与实际值之间平方差的平均值。均方根误差（RMSE）是MSE的平方根。R-Squared反映了线性回归方程能够解释的因变量中的方差之比。因此，在这个简单线性回归模型中，湿度仅解释了温度变化的38.9%。此外，预测的平均绝对误差在 ± 6.052℃以内。

到这里，我们已经成功地使用了Scikit-Learn拟合并评估了简单线性回归模型。这是在成为机器学习大师的过程中非常激动人心的一步。接下来，我们将继续学习线性回归模型，并通过学习多元线性回归来改进该模型。

3.4　多元线性回归

多元线性回归模型是把两个或多个特征与连续结果变量之间的关系定义为$y = \alpha + \beta_1 x_{i1} + \beta_2 x_{i2} + \cdots + \beta_{p-1} x_{i,p-1}$。式中，$\alpha$表示截距，$\beta$表示模型中每个特征（$x$）的斜率。因此，如果通过身高（m）、总胆固醇（mg / dL）以及每天的心血管运动分钟数来预测一个人的体重（kg），则多元线性回归模型计算出α等于1.5，系数β_1等于50，系数β_2等于0.1，β_3等于-0.4，该模型解释为：当固定了模型中的所有其他特征时，身高每增加1 m，重量增加50 kg；此外，当固定了模型中的所有其他特征时，总胆固醇每增加1 mg/dL，体重就会增加0.1 kg；最后，当固定了模型中的所有其他特征时，每天进行心血管运动的1分钟，体重就会减少0.4kg。因此，可以通过$y = 1.5 + (0.1 \times 50) + (200 \times 0.5) + (30 \times -0.4)$预测一个身高为1.8 m、总胆固醇为200 mg / dL人的体重。在下面的练习中，我们将演示使用Scikit-Learn进行多元线性回归。

练习 24：拟合多元线性回归模型并确定截距和系数

在本练习中，我们将继续使用练习21中已备好的数据，进行多元线性回归模型拟合预测温度。继续练习23，执行以下操作步骤。

（1）实例化线性回归模型，代码如下。

```
from sklearn.linear_model import LinearRegression
model = LinearRegression()
```

（2）使用以下代码对训练数据进行模型拟合，输出如图3.10所示。

```
model.fit(X_train, y_train)
```

```
LinearRegression(copy_X=True, fit_intercept=True, n_jobs=None,
          normalize=False)
```

图 3.10　拟合多元线性回归模型的输出

（3）使用以下代码提取截距的值。

```
intercept = model.intercept_
```

（4）提取系数的值，代码如下。

```
coefficients = model.coef_
```

（5）打印一条消息，包含用于预测温度（℃）的公式，代码如下。

```
print('Temperature = {0:0.2f} + ({1:0.2f} × Humidity) + ({2:0.2f} × Wind
Speed) + ({3:0.2f} × Wind Bearing Degrees) + ({4:0.2f} × Visibility) +
({5:0.2f} × Pressure) + ({6:0.2f} × Rain) + ({7:0.2f} × Normal Weather) +
({8:0.2f} × Warm Weather)'.format(intercept,
coefficients[0],
coefficients[1],
coefficients[2],
coefficients[3],
coefficients[4],
coefficients[5],
coefficients[6],
coefficients[7]))
```

得到的输出如图 3.11 所示。

```
Temperature = 3.54 + (-7.93 x Humidity) + (-0.07 x Wind Speed) + (0.00 x Wind Bearing Degrees) +
(0.06 x Visibility) + (0.00 x Pressure) + (5.61 x Rain) + (8.54 x Normal Weather) + (19.10 x Warm
Weather)
```

图 3.11　基于湿度预测温度的多元线性回归公式

根据该多元线性回归模型，若某日湿度为 0.78，风速为 5.0 km / h，风向为顺时针北风 81°，能见度为 3 km，压力为 1000MPa，无雨定义为天气正常，可以得到对应的预测温度为 5.72℃。我们已掌握如何提取多元线性回归模型的截距和系数，因此可以使用测试数据来预测并评估该模型的性能。

作业 5：生成预测并评估多元线性回归模型的性能

在练习 23 中，我们学习了如何使用各种方法来生成预测并评估简单线性回归模型的性能。为了降低代码冗余，我们将使用练习 23 中步骤（4）中的指标来评估多元线性回归模型的性能，并确定多元线性回归模型相对于简单线性回归模型是更好还是更差。

继续练习 24，执行以下操作步骤。

（1）使用所有特征对测试数据进行预测。

（2）绘制出预测值与实际值的散点图。

（3）绘制残差分布图。

（4）计算指标平均绝对误差、均方误差、均方根误差和R-Squared，并存储到数据框中。

（5）确定多元线性回归模型相对于简单线性回归模型表现较好还是较差。

相对于简单线性回归模型，多元线性回归模型在每个指标上表现得都更好。最值得注意的是，在以上练习中，简单线性回归模型仅描述了38.9%的温度变量，但是，在多元线性回归模型中，特征的组合解释了86.6%的温度变量。此外，使用简单线性回归模型预测的平均绝对误差温度在 ±6.052℃，而使用多元线性回归模型预测的平均绝对误差温度在 ±2.861℃。

截距和β系数的透明性令线性回归模型非常易于解释。在业务应用中，通常要求数据科学家解释某个特征对结果的影响，因此，线性回归可提前提供对业务咨询进行合理反馈的指标。

在很多时候，一个问题需要数据科学家预测的不是连续结果，而是一个明确的值。例如，在保险业务中，假如给定客户的某些特征，那么该客户不续签保单的概率是多少？在这种情况下，数据中的特征值与结果变量之间没有线性关系，因此线性回归不适用此类问题。对分类因变量进行回归分析的可行方法是逻辑回归。

3.5 逻辑回归

逻辑回归使用分类变量和连续变量来预测分类结果。当选择的因变量具有两个分类结果时，该分析称为二元逻辑回归。但是，如果结果变量包含两个以上的等级，则该分析称为多元逻辑回归。二元逻辑回归是本节的学习重点。

当预测二元结果时，特征值与结果变量之间不存在线性关系，线性回归的假设不成立。此外，为了以线性方式表达非线性关系，必须使用对数变换转换数据。因此，逻辑回归能使模型在给定特征的情况下预测二进制结果出现的概率。

对于具有一个预测变量的逻辑回归，其方程如图 3.12 所示。

$$P(Y) = \frac{1}{1 + e^{-(\alpha + \beta x)}}$$

图 3.12　具有一个预测变量的逻辑回归公式

其中，$P(Y)$是结果出现的概率；e是自然对数的底；α是截距；β是系数；x是预测变量的值。可以使用图 3.13 所示的公式将该方程扩展到多个预测变量。

$$P(Y) = \frac{1}{1 + e^{-(\alpha + \beta_1 x_{i1} + \beta_2 x_{i2} + \cdots + \beta_{p-1} x_{ip-1})}}$$

图 3.13　具有多个预测变量的逻辑回归公式

因此，使用逻辑回归对事件发生的概率进行建模与拟合线性回归模型相同，不同之处在于，连续结果变量被二进制结果变量的对数概率（log odds）代替（概率的另一种表示方式）。由于在线性回归中，假设预测变量与结果变量之间存在线性关系，所以逻辑回归假设预测变量与$p/(1-p)$的自然对数之间存在线性关系，其中p是事件发生的概率。

在下面的练习中，将使用weather.csv数据集演示基于数据中的所有特征构建预测降雨概率的逻辑回归模型。

练习25：拟合逻辑回归模型并确定截距和系数

要使用数据中的所有功能来模拟降雨（而不是降雪）的概率，将使用weather.csv文件并将二元变量Rain存储为结果度量。

（1）使用以下代码导入数据。

```
import pandas as pd
df = pd.read_csv('weather.csv')
```

（2）虚拟编码描述变量如下。

```
import pandas as pd
df_dummies = pd.get_dummies(df, drop_first=True)
```

（3）使用以下代码对df_dummies进行随机排列。

```
from sklearn.utils import shuffle
df_shuffled = shuffle(df_dummies, random_state=42)
```

（4）分别将特征和结果设置为X和y，如下所示。

```
DV = 'Rain'
X = df_shuffled.drop(DV, axis=1)
y = df_shuffled[DV]
```

（5）使用以下代码，将功能与结果分为训练集和测试集。

```
from sklearn.model_selection import train_test_split
X_train, X_test, y_train, y_test = train_test_split(X, y, test_size=0.33, random_state=42)
```

（6）使用以下代码实例化逻辑回归模型。

```
from sklearn.linear_model import LogisticRegression
model = LogisticRegression()
```

（7）使用model.fit(X_train,y_train)将逻辑回归模型拟合到训练数据，得到图3.14所示的输出。

```
LogisticRegression(C=1.0, class_weight=None, dual=False, fit_intercept=True,
          intercept_scaling=1, max_iter=100, multi_class='warn',
          n_jobs=None, penalty='l2', random_state=None, solver='warn',
          tol=0.0001, verbose=0, warm_start=False)
```

图 3.14 拟合逻辑回归模型的输出

（8）使用以下代码提取截距。

```
intercept = model.intercept_
```

（9）使用以下代码提取系数。

```
coefficients = model.coef_
```

（10）将系数放入一个列表，代码如下。

```
coef_list = list(coefficients[0,:])
```

（11）将特征与其系数匹配，将其放置在数据框中，然后按以下代码将数据框打印到控制台。

```
coef_df = pd.DataFrame({'Feature': list(X_train.columns),
                        'Coefficient': coef_list})
print(coef_df)
```

结果输出如图3.15所示。

```
              Feature  Coefficient
0         Temperature_c     5.691326
1              Humidity    -0.165325
2        Wind_Speed_kmh    -0.067057
3  Wind_Bearing_degrees    -0.002367
4          Visibility_km     0.055192
5      Pressure_millibars     0.000845
6    Description_Normal     0.029056
7      Description_Warm     0.001911
```

图 3.15　逻辑回归模型中的特征及其系数

温度的系数可以解释为当固定了模型中的所有其他特征时，温度每升高1℃，降雨的对数概率增加5.69。为了生成预测，可以将对数概率转换为概率。

练习26：生成预测并评估逻辑回归模型的性能

在练习25中，学习了如何拟合逻辑回归模型并提取生成预测所必需的元素。然而，Scikit-Learn库提供的预测概率以及类别的函数，使我们操作起来更加容易。在本练习中，将继续学习概率预测和类别预测，以及使用混淆矩阵和分类报告评估模型性能。

接着练习25，继续执行以下操作步骤。

（1）使用以下代码生成预测的概率。

```
predicted_prob = model.predict_proba(X_test)[:,1]
```

（2）使用以下代码生成预测的类别。

```
predicted_class = model.predict(X_test)
```

（3）使用混淆矩阵评估性能，代码如下。

```
from sklearn.metrics import confusion_matrix
import numpy as np
cm = pd.DataFrame(confusion_matrix(y_test, predicted_class))
cm['Total'] = np.sum(cm, axis=1)
cm = cm.append(np.sum(cm, axis=0), ignore_index=True)
```

```
cm.columns = ['Predicted No', 'Predicted Yes', 'Total']
cm = cm.set_index([['Actual No', 'Actual Yes', 'Total']])
print(cm)
```

结果输出如图3.16所示。

```
          Predicted No  Predicted Yes  Total
Actual No          377              6    383
Actual Yes          10           2907   2917
Total              387           2913   3300
```

图 3.16　逻辑回归模型的混淆矩阵

注释： 从混淆矩阵中可以看到，在未归类为多雨的383个观测值中，有377个被正确归类；在被归类为多雨的2 917个观测值中，有2 907个被正确归类。为了使用精确度、召回率和F1分数等指标进一步检测模型的性能，下面生成分类报告。

（4）使用以下代码生成分类报告。

```
from sklearn.metrics import classification_report
print(classification_report(y_test, predicted_class))
```

结果输出如图3.17所示。

```
              precision    recall  f1-score   support

           0       0.97      0.98      0.98       383
           1       1.00      1.00      1.00      2917

   micro avg       1.00      1.00      1.00      3300
   macro avg       0.99      0.99      0.99      3300
weighted avg       1.00      1.00      1.00      3300
```

图 3.17　由逻辑回归模型生成的分类报告

从混淆矩阵和分类报告可以看出，模型运行良好但可能难以改进。然而，包括逻辑回归在内的机器学习模型由众多超参数组成，因此可以对超参数进行调整使模型性能进一步提高。在练习27中，将学习找到超参数的最佳组合实现最大化模型性能。

练习 27：调整多重逻辑回归模型的超参数

将练习25中步骤（7）拟合逻辑回归模型使用的LogisticRegression()函数内部的每个参数都设置为默认超参数。为了调整模型，可以使用Scikit-Learn库的网格搜索功能，为每个超参数组合拟合一个模型，并确定最优模型中每个超参数的值。

接着练习26，继续执行以下操作步骤。

（1）利用练习26已经准备好的数据，直接进行超参数值网格实例化，如下所示。

```
import numpy as np
grid = {'penalty': ['l1', 'l2'],
        'C': np.linspace(1, 10, 10),
        'solver': ['liblinear']}
```

（2）搜索实例化网格模型，找到F1分数最高（即精确度和召回率的调和平均）的模型，代码如下。

```
from sklearn.model_selection import GridSearchCV
from sklearn.linear_model import LogisticRegression
model = GridSearchCV(LogisticRegression(solver='liblinear'),
grid,scoring='f1', cv=5)
```

（3）使用model.fit（X_train, y_train）对模型进行拟合训练（训练可能需要一段时间），结果输出如图3.18所示。

```
GridSearchCV(cv=5, error_score='raise-deprecating',
    estimator=LogisticRegression(C=1.0, class_weight=None, dual=False, fit_intercept=True,
        intercept_scaling=1, max_iter=100, multi_class='warn',
        n_jobs=None, penalty='l2', random_state=None, solver='liblinear',
        tol=0.0001, verbose=0, warm_start=False),
    fit_params=None, iid='warn', n_jobs=None,
    param_grid={'penalty': ['l1', 'l2'], 'C': array([ 1., 2., 3., 4., 5., 6., 7., 8., 9., 10.])},
    pre_dispatch='2*n_jobs', refit=True, return_train_score='warn',
    scoring='f1', verbose=0)
```

图 3.18　逻辑回归网格搜索模型的输出

（4）以字典形式返回超参数的最佳组合，代码如下。

```
best_parameters = model.best_params_
print(best_parameters)
```

结果输出如图3.19所示。

```
{'C': 6.0, 'penalty': 'l1'}
```

图 3.19　逻辑回归网格搜索模型调整后的超参数

通过网格搜索找到使F1分数最大化的超参数的组合。其实，仅使用练习25中默认的超参数就可以得到一个模型，该模型在测试数据上表现得非常出色。因此，在下面的作业中，将评估在测试数据上带有调整超参数的模型预测效果。

作业 6: 生成预测以及评估调参后的逻辑回归模型性能

当超参数的最佳组合收敛时，就需要像练习25那样评估模型的性能。接着练习27继续执行以下操作步骤。

（1）求预测降雨概率。

（2）求预测降雨等级。

（3）使用混淆矩阵评估性能，并将其存储为数据框。

（4）打印出分类报告。

通过调整逻辑回归模型的超参数，可以改进运行良好的逻辑回归模型。在以下练习和作业中，将继续扩展调整不同类型的模型。

3.6　基于支持向量机的最大保证金分类

支持向量机（SVM）是用于监督学习法，以解决分类和回归问题的算法。但是，支持向量机最常用于分类问题，因此，从本章的学习目标出发，将把支持向量机看作一个二元分类器，其目标是确定超平面的最佳位置，在多维空间的数据点之间建立分类边界，如图3.20所示。

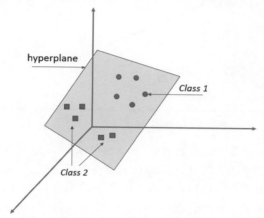

图 3.20　在 3 个维度的超平面上将圆形与正方形分开

在图3.20中，正方形和圆形分别为同一数据框中不同分类的观测值，超平面位于圆形和正方形之间，被划分为两类半透明蓝色边界。在此示例中，观测值是线性可分的。

超平面的位置通过两个分类之间的最大间隔（即边距）的位置确定，因此，也被称为最大间隔超平面（MMH）。超平面提高了数据点保持在超平面边界正确一侧的可能性。可以使用每个分类中最接近MMH的点来表示MMH，这些点称为支持向量且每个分类中至少包含有一个（支持向量）。图3.21直观地描述了二维空间中与MMH相关的支持向量。

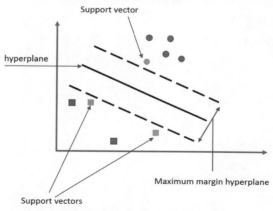

图 3.21　与 MMH 相关的支持向量

实际上，大多数数据不是线性可分的。在这种情况下，SVM通过松弛变量来创建软间隔（Soft Margin）（相对于最大间隔），允许某些观测值落入不正确一侧，如图3.22所示。

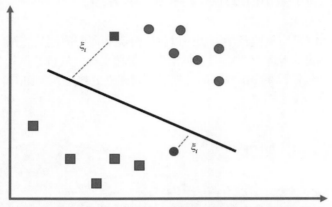

图 3.22　两个观测值（用灰色阴影和希腊字母 ξ_i 表示）落在软边界线不正确的一侧

如果用一个成本值代表分类错误的数据点，那么SVM是寻求总成本最小化而非追求最大间隔。随着成本参数的增加，要实现100%的分离SVM优化会变得更难，且可能会导致过度拟合训练数据。相反，较低的成本参数表明更宽的边界且可能无法拟合训练数据。因此，构建对测试数据拟合良好的SVM模型，确定一个平衡过度拟合和拟合不足的成本参数是非常重要的。

此外，通过使用核技巧（Kernel Trick）可以将非线性分离数据转换到一个高维的空间上，此时非线性关系可能呈现出线性关系。通过转换原始数据，SVM可以发现原始特征中显示不明确的关联。Scikit-Learn库默认情况下使用高斯核RBF，但也配备了常见的核（函数），如线性核（函数）、多项式核（函数）和S形核（函数）。为了实现SVM分类器模型性能最大化，必须确定核函数和成本函数的最佳组合，而练习27中介绍的网格搜索超参数调整法，可以轻松实现这一目标。在下面的练习和作业中，将学习如何实现这一操作。

练习 28: 为支持向量分类器模型准备数据

在拟合一个支持向量分类器（SVC）模型预测二元结果变量之前，无论降雨还是降雪，我们都必须准备数据。 由于SVM是一个黑匣子，这意味着输入和输出之间的过程是不可知的，因此无须担心其可解释性。因此，在拟合模型之前，要将数据中的特征转换为z-score。具体操作步骤如下。

（1）使用以下代码导入weather.csv。

```
import pandas as pd
df = pd.read_csv('weather.csv')
```

（2）虚拟编码分类特征，代码如下。

```
import pandas as pd
df_dummies = pd.get_dummies(df, drop_first=True)
```

（3）使用以下代码对df_dummies随机排序以消除次序的影响。

```
from sklearn.utils import shuffle
df_shuffled = shuffle(df_dummies, random_state=42)
```

（4）使用以下代码将df_shuffled拆分为X和y。

```
DV = 'Rain'
X = df_shuffled.drop(DV, axis=1)
y = df_shuffled[DV]
```

（5）使用以下代码将X和y拆分为测试集和训练集。

```
from sklearn.model_selection import train_test_split
X_train, X_test, y_train, y_test = train_test_split(X, y,
test_size=0.33,random_state=42)
```

（6）为防止漏掉任何数据，通过拟合一个标准化模型将X_train和X_test分别转换为z-score的方式，对X_train和X_test进行标准化处理，代码如下。

```
from sklearn.preprocessing import StandardScaler
model = StandardScaler()
X_train_scaled = model.fit_transform(X_train)
X_test_scaled = model.transform(X_test)
```

现在，数据已正确划分为特征和结果变量，且拆分为测试集和训练集并分别标准化，可以通过网格搜索调整SVC模型的超参数。

练习29：使用网格搜索优化 SVC 模型

前面讨论了在支持向量机分类模型中确定最优代价函数和核的重要性，并学习了如何使用Scikit-Learn的网格搜索功能找到超参数的最佳组合。在本练习中，将演示如何使用网格搜索来找到成本函数和内核的最佳组合。

继续练习28，执行以下操作步骤。

（1）使用以下代码实例化要搜索的网格。

```
import numpy as np
grid = {'C': np.linspace(1, 10, 10),'kernel': ['linear', 'poly', 'rbf', 'sigmoid']}
```

（2）实例化GridSearchCV模型，将gamma超参数设置为auto以避免警告，并将probability设置为True。

```
from sklearn.model_selection import GridSearchCV
from sklearn.svm import SVC
model = GridSearchCV(SVC(gamma='auto'), grid, scoring='f1', cv=5)
```

（3）使用model.fit（X_-train_-scaled, y_-train）拟合网格搜索模型，输出如图3.23所示。

```
GridSearchCV(cv=5, error_score='raise-deprecating',
        estimator=SVC(C=1.0, cache_size=200, class_weight=None, coef0=0.0,
  decision_function_shape='ovr', degree=3, gamma='auto', kernel='rbf',
  max_iter=-1, probability=False, random_state=None, shrinking=True,
  tol=0.001, verbose=False),
        fit_params=None, iid='warn', n_jobs=None,
        param_grid={'C': array([ 1.,  2.,  3.,  4.,  5.,  6.,  7.,  8.,  9., 10.]), 'kernel': ['linear', 'poly', 'rbf',
'sigmoid']},
        pre_dispatch='2*n_jobs', refit=True, return_train_score='warn',
        scoring='f1', verbose=0)
```

图 3.23　拟合 SVC 网格搜索模型的输出

（4）使用以下代码打印最佳参数。

```
best_parameters = model.best_params_
print(best_parameters)
```

结果输出如图 3.24 所示。

```
{'C': 1.0, 'kernel': 'linear'}
```

图 3.24　SVC 网格搜索模型的优化超参数

一旦确定了超参数的最佳组合，就可以生成预测，然后评估模型是如何执行未观察到的测试数据的。

作业 7：生成预测并评估 SVC 网格搜索模型的性能

在之前的练习/作业中，学习了生成预测和评估分类器模型性能。在本作业中，将再次通过生成预测、创建混淆矩阵和打印分类报告来评估模型的性能。

继续练习 29，执行以下操作步骤。

（1）提取预测类。

（2）创建并打印一个混淆矩阵。

（3）生成并打印分类报告。

在本节，我们演示了如何使用网格搜索优化 SVC 模型的超参数。调整 SVC 模型后，它的性能不如调整后的雨雪预报的逻辑回归模型。此外，SVC 模型是一个黑匣子，因为它们不能洞察特征对结果的贡献。在 3.7 节中，我们将介绍另一种算法——决策树，它使用"分而治之"的方法生成预测，并提供用于确定每个特征对结果的重要性。

3.7　决策树

想象一下，我们考虑换一个新的工作，并权衡预期工作机会的利弊，以及担任新的职位几年后，开始意识到对我们来说很重要的事情。然而，职业生涯的各个方面并非都同等重要，在工作了几年之后，我们可能会认为一个职位最重要的方面是我们对项目的兴趣；其次是薪酬；再次是与工作相关的压力，以及通勤时间；最后是福利等。

通过以上分析即可创建了一个认知决策树的框架。进一步详细解释为：我们想要一份对分配的项目非常感兴趣的工作，每年薪酬至少 5.5 万美元，工作相关的压力小，通勤时间不到 30 分钟，并且有令人满意的保险和福利。建立思维决策树是一个我们自然会使用的决策过程，也是决策树成为当今应用最广泛的一种机器学习算法的原因之一。

在机器学习中，决策树使用基尼不纯净度（Gini Impurity）或熵、信息增益（Entropy Iinformation Gain）作为衡量分类质量的标准。首先，决策树算法要确定一个能使分类质量（Quality of a Split）最优的特征。由于该特征是数据中最重要的特征，故被称为根节点。在工作机会案例中，对要做项目的兴趣这个因素将作为根节点。受根节点影响，工作机会将被划分为非常感兴趣和不非常感兴趣两类。

接下来，基于给定的工作机会的一个或多个特征，这两个分类中的每一类都会被分到下一个最重要的特征中，以此类推，直到确定对潜在的工作是否有兴趣。

这种方法称为递归分类，或称为"分而治之"，因为该方法会一直对数据进行分类和对数据子集进行划分，直到算法确定数据中各子集足够相似，或者确定：

（1）相应节点上的几乎所有观测值都具有相同的类别（即纯净度）。

（2）数据中没有其他要分类的特征。

（3）决策树已达到先验确定的大小限制。

例如，如果纯净度是由熵决定的，则必须知道熵（Entropy）是对一组值内随机性的度量。决策树操作是选择那些令熵（随机性）最小化，进而使信息增益最大化的分类。信息增益是计算该划分与所有其他后续划分之间的熵差，然后，按分区中观测值的比例加权，并计算每个分区中的熵，它们的和等于总熵。幸运的是，Scikit-Learn库提供了一个可以完成所有这些操作的函数。在以下作业和练习中，将使用熟悉的weather.csv数据集，应用决策树分类器模型预测天气有雨还是有雪。

作业 8：使用决策树分类器之前的数据准备

在本作业中，将为使用决策树分类器模型准备数据，执行以下操作步骤以完成作业。

（1）导入weather.csv并将其存储在数据框中。

（2）对多层次、分类特征Summary进行虚拟编码。

（3）随机变换数据位置，消除任何可能的排序影响。

（4）将数据分为特征和输出。

（5）将特征和输出进一步分为测试集和训练集。

（6）使用以下代码对X_train和X_test进行标准化。

```
from sklearn.preprocessing import StandardScaler
model = StandardScaler()
X_train_scaled = model.fit_transform(X_train)
X_test_scaled = model.transform(X_test)
```

在下面的练习中，将学习调整和拟合决策树分类器模型。

练习 30：使用网格搜索调整决策树分类器的超参数

在本练习中，将实例化超参数空间，并通过网格搜索调整决策树分类器的超参数。接着作业8，继续执行以下操作步骤。

（1）按照以下代码指定超参数空间。

```
import numpy as np
grid = {'criterion': ['gini', 'entropy'],
        'min_weight_fraction_leaf': np.linspace(0.0, 0.5, 10),
        'min_impurity_decrease': np.linspace(0.0, 1.0, 10),
        'class_weight': [None, 'balanced'],
'presort': [True, False]}Instantiate the GridSearchCV model
```

（2）使用以下代码实例化网格搜索模型。

```
from sklearn.model_selection import GridSearchCV
from sklearn.tree import DecisionTreeClassifier
model = GridSearchCV(DecisionTreeClassifier(), grid, scoring='f1', cv=5)
```

（3）使用以下代码拟合训练集。

```
model.fit(X_train_scaled, y_train)
```

结果输出如图3.25所示。

```
GridSearchCV(cv=5, error_score='raise-deprecating',
       estimator=DecisionTreeClassifier(class_weight=None, criterion='gini', max_depth=None,
            max_features=None, max_leaf_nodes=None,
            min_impurity_decrease=0.0, min_impurity_split=None,
            min_samples_leaf=1, min_samples_split=2,
            min_weight_fraction_leaf=0.0, presort=False, random_state=None,
            splitter='best'),
       fit_params=None, iid='warn', n_jobs=None,
       param_grid={'criterion': ['gini', 'entropy'], 'min_weight_fraction_leaf': array([0.      , 0.05556, 0.11111,
0.16667, 0.22222, 0.27778, 0.33333,
       0.38889, 0.44444, 0.5      ]), 'min_impurity_decrease': array([0.      , 0.11111, 0.22222, 0.33333, 0.44444,
0.55556, 0.66667,
       0.77778, 0.88889, 1.      ]), 'class_weight': [None, 'balanced'], 'presort': [True, False]},
       pre_dispatch='2*n_jobs', refit=True, return_train_score='warn',
       scoring='f1', verbose=0)
```

图 3.25　拟合决策树分类器网格搜索模型的输出

（4）打印调整后的超参数，如图3.26所示。

```
best_parameters = model.best_params_
print(best_parameters)
```

```
{'class_weight': None, 'criterion': 'gini', 'min_impurity_decrease': 0.0, 'min_weight_fraction_leaf': 0.0, 'presort': True}
```

图 3.26　决策树分类器网格搜索模型中调整后的超参数

从图3.26中可以看出，使用了基尼不纯净系数作为衡量划分质量的标准。有关超参数的进一步说明不在本章研究范围之内，但可以在决策树分类器Scikit-Learn文档中找到。

实践中决策者通常会问到各种特征是如何影响预测的，在线性回归和逻辑回归中，截距和系数使模型预测非常透明。

注释： 决策树也很容易解释，因为我们可以看到决策的位置，但这需要安装和正确配置Graphviz与未标准化特征。

在下面的练习中将研究在Scikit-Learn基于树的模型算法中发现的feature_importances_属性，该属性返回一个包含每个特征的相对要素重要性取值的数组，而不是学习如何绘制决策树的图。需要注意的是，此属性在网格搜索模型中不可用。因此，在练习31中，我们将学习以编程方式从best_parameters词典中提取值，并重新拟合已调整的决策树模型，获取决策树分类器函数提供的属性。

练习31：以编程方式从决策树分类器网格搜索模型中提取调整的超参数

在练习30中，调整后的超参数作为键值被保存在best_parameters字典中。此操作便于我们以编程方式访问这些值，并将其分配给决策树分类器模型中合适的超参数。通过拟合调整后的决策树分类器模型，我们将能够访问Scikit-Learn决策树分类器功能提供的属性。

接着练习30，继续执行以下操作步骤。

（1）使用以下代码可以访问"criterion"的值。

```
print(best_parameters['criterion'])
```

结果输出如图3.27所示。

gini

图 3.27 在 best_parameters 字典中分配给"criterion"的键值

（2）实例化决策树分类器模型，并将值分配给相应的超参数，代码如下。

```
from sklearn.tree import DecisionTreeClassifier
model = DecisionTreeClassifier(class_weight=best_parameters['class_weight'],
        criterion=best_parameters ['criterion'],
min_impurity_decrease=best_parameters['min_impurity_decrease'],
min_weight_fraction_leaf=best_parameters['min_weight_fraction_leaf'],
presort=best_parameters['presort'])
```

（3）使用以下代码，对标准化训练数据进行网格搜索模型拟合，输出如图3.28所示。

```
model.fit(X_train_scaled, y_train)
```

```
DecisionTreeClassifier(class_weight=None, criterion='gini', max_depth=None,
        max_features=None, max_leaf_nodes=None,
        min_impurity_decrease=0.0, min_impurity_split=None,
        min_samples_leaf=1, min_samples_split=2,
        min_weight_fraction_leaf=0.0, presort=True, random_state=None,
        splitter='best')
```

图 3.28 超参数已调整的决策树分类器模型拟合后的输出

（4）使用以下代码提取feature_importances属性。

```
print(model.feature_importances_)
```

结果输出如图3.29所示。

```
[1. 0. 0. 0. 0. 0. 0. 0.]
```

图 3.29 调整的决策树分类器模型的特征矩阵

从图 3.29 的矩阵中可以看到，对于特征重要性而言，第一个特征完全控制了其他变量。

（5）使用以下代码将以上特征重要性可视化。

```
import pandas as pd
import matplotlib.pyplot as plt
df_imp = pd.DataFrame({'Importance': list(model.feature_importances_)},
index=X.columns)
df_imp_sorted = df_imp.sort_values(by=('Importance'), ascending=True)
df_imp_sorted.plot.barh(figsize=(5,5))
plt.title('Relative Feature Importance')
plt.xlabel('Relative Importance')
plt.ylabel('Variable')
plt.legend(loc=4)
plt.show()
```

由图 3.30 可以查看结果输出。

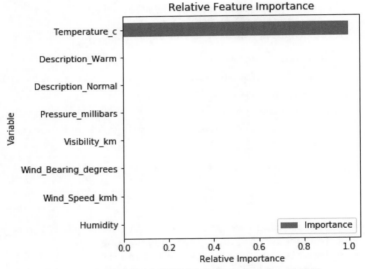

图 3.30　经过调整的决策树分类器模型的特征重要性

从图 3.30 所示各特征重要性来看，温度是造成此分类问题的唯一因素。由于结果度量是降雨（'Rain'= 1）或降雪（'Rain'= 0）以及决策树通过"分而治之"方式作出的分裂决策，因此该算法使用温度度量是否有降雨或降雪。在即将进行的作业 9 中，将评估该模型执行情况。

作业 9：决策树分类器模型的预测和性能评估

我们已经在之前的练习中进行了模型预测以及性能评估。在本作业中，将采用相同的方法来评估调整后的决策树分类器模型的性能。接着练习 31，继续执行以下操作步骤。

（1）预测降雨概率。

（2）预测降雨类别。

（3）生成并打印混淆矩阵。

（4）打印分类报告。

我们会发现只有一个被分类错误的观测值，因此，通过在weather.csv数据集上调整决策树分类器模型，能够非常准确地预测天气有雨或有雪，影响天气预期的唯一的驱动特征是温度，由于决策树使用递归分类的方式进行预测，因此该预测结果是有一定道理的。

有时，经过评估，单个模型的学习能力很弱且效果不佳，然而，通过组合学习能力弱的模型，便可以创造出一个学习能力更强的模型，把这种方法称为集成。

随机森林模型能够通过组合多个决策树分类器模型，创建更强大的集成模型。随机森林可用于分类或回归问题。

3.8　随机森林

如前所述，随机森林是决策树的集成，可以用于解决分类或回归问题。随机森林通过使用一小部分数据拟合每棵决策树，因此它们可以处理非常大的数据集，与其他算法相比，不太容易陷入"维数灾难"。维数灾难是指数据中大量的特征削弱了模型性能的情况。随机森林的预测由每棵决策树预测的组合决定。与SVM一样，随机森林是一个黑盒模型，输入和输出是无法解释的。

在接下来的练习和作业中，我们将在预测温度模型中使用网格搜索法调整和拟合随机森林回归变量。之后，将评估模型的性能。

练习32：为随机森林回归器准备数据

在本练习中，我们将使用Temperature_c为随机森林回归器准备数据。

（1）使用以下代码导入weather.csv，并将其另存为df。

```
import pandas as pd
df = pd.read_csv('weather.csv')
```

（2）对多个分类变量Description进行虚拟编码，代码如下。

```
import pandas as pd
df_dummies = pd.get_dummies(df, drop_first=True)
```

（3）使用以下代码随机变换df_dummies数据的位置，以消除任何可能的排序影响。

```
from sklearn.utils import shuffle
df_shuffled = shuffle(df_dummies, random_state=42)
```

（4）使用以下代码将df_shuffled拆分为X和y。

```
DV = 'Temperature_c'
X = df_shuffled.drop(DV, axis=1)
y = df_shuffled[DV]
```

（5）按照以下代码将X、y分为测试集和训练集。

```
from sklearn.model_selection import train_test_split
X_train, X_test, y_train, y_test = train_test_split(X, y, test_size=0.33, random_
    state=42)
```

（6）使用以下代码对X_train和X_test进行标准化处理。

```
from sklearn.preprocessing import StandardScaler
scaler = StandardScaler()
X_train_scaled = scaler.fit_transform(X_train)
X_test_scaled = scaler.transform(X_test)
```

现在已经完成数据导入、变换位置、把数据分为特征（X）和因变量（y）、将X和y分为测试集和训练集、对X_train和X_test进行标准化处理等步骤，下面将使用网格搜索调整随机森林回归模型。

作业10：调整随机森林回归器

随机森林回归器中已有准备好的数据，下面必须建立超参数空间，并使用网格搜索法找到最佳的超参数组合。接着练习32继续执行以下操作步骤。

（1）指定超参数空间。

（2）实例化GridSearchCV模型，优化解释方差。

（3）对训练集进行网格搜索模型拟合。

（4）打印调整后的超参数。

在对随机森林回归器超参数进行网格搜索之后，需要使用调整后的超参数来拟合随机森林回归器模型。我们将以编程的方式提取best_parameters字典中的值，并将其分配给随机森林回归函数中相应的超参数，这样我们便可以从随机森林回归函数中访问该属性。

练习33：以编程方式提取调整后的超参数并从随机森林回归网格搜索模型确定特征重要性

通过从best_parameters字典中的键值对中提取值，可以消除出现人工错误的可能性，并使代码更加自动化。在本练习中，将重复练习31中的操作步骤，但是会调整代码以适用于随机森林回归模型。

接着作业10继续执行以下操作步骤。

（1）实例化随机森林回归模型，模型相应超参数要对应best_parameters字典中每个键的值。

```
from sklearn.ensemble import RandomForestRegressor

model = RandomForestRegressor(criterion=best_parameters['criterion'],
                              max_features=best_parameters['max_features'],
                              min_impurity_decrease=best_parameters['min_impurity_
                              decrease']
                              bootstrap=best_parameters['bootstrap']
                              warm_start=best_parameters['warm_start'])
```

（2）使用以下代码对训练数据进行模型拟合。

```
model.fit(X_train_scaled, y_train)
```

结果输出如图3.31所示。

```
RandomForestRegressor(bootstrap=True, criterion='mae', max_depth=None,
        max_features=None, max_leaf_nodes=None,
        min_impurity_decrease=0.0, min_impurity_split=None,
        min_samples_leaf=1, min_samples_split=2,
        min_weight_fraction_leaf=0.0, n_estimators=10, n_jobs=None,
        oob_score=False, random_state=None, verbose=0, warm_start=True)
```

图 3.31　已调超参数的拟合随机森林回归模型输出

（3）使用以下代码，按降序方式绘制特征重要性的图。

```
import pandas as pd
import matplotlib.pyplot as plt
df_imp = pd.DataFrame({'Importance': list(model.feature_importances_)},
index=X.columns)
df_imp_sorted = df_imp.sort_values(by=('Importance'), ascending=True)
df_imp_sorted.plot.barh(figsize=(5,5))
plt.title('Relative Feature Importance')
plt.xlabel('Relative Importance')
plt.ylabel('Variable')
plt.legend(loc=4)
plt.show()
```

结果输出如图3.32所示。

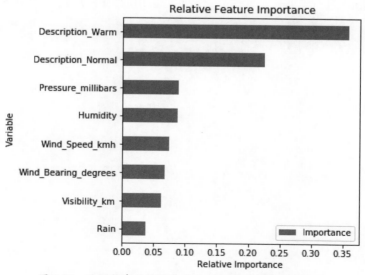

图 3.32　已调超参数的随机森林回归模型的特征重要性

从图3.32可以看出，Description_Warm虚拟变量和Description_Normal是温度（℃）的主要驱动因素。同时，Visibility_km和Wind_Bearing_degrees对温度的影响很小。下面看一下模型对测试数据运行效果如何。

作业 11：生成预测并调参的随机森林回归模型性能评估

在练习23和作业5中，我们学会了如何生成预测并评估预测连续结果的回归模型性能。在本作业中，将采取同样的方法来评估随机森林回归模型预测温度的运行情况。

接着练习33，继续执行以下操作步骤。

（1）对测试数据生成预测。

（2）绘制预测值和实际值的相关性图。

（3）绘制残差分布图。

（4）计算指标，然后将其放在数据框中并打印出来。

与多元线性回归相比，随机森林回归模型似乎运行表现不佳，较大的MAE、MSE、RMSE值以及较小的可释方差可以证明这一点。此外，预测值和实际值之间的相关性较弱，且残差偏离正态分布。虽然如此，利用随机森林回归的集成方法构建的模型可以解释75.8%的温度变化，且预测温度误差为 ±3.781℃。

3.9 本章小结

本章介绍了面向Python的开源机器学习库Scikit-Learn，学习了如何预处理数据，以及如何调整和拟合一些不同的回归与分类算法。最后，学习了如何快速、有效地评估分类和回归模型的性能。本章对Scikit-Learn库进行了非常全面的介绍，此处运用的策略可用于构建由Scikit-Learn提供的许多其他算法。

在第4章中，将学习降维和无监督学习。

第4章

降维和无监督学习

【学习目标】

学完本章，读者能够做到：

- 比较层次聚类分析（HCA）和k-均值聚类方法。
- 掌握层次聚类分析（HCA）的具体操作并了解输出结果的含义。
- 调整k-均值聚类的聚类簇数量。
- 为实现降维选择主成分的最佳数量。
- 使用线性判别函数分析（LDA）进行监督维数压缩。

本章将介绍关于降维和无监督学习的各种概念。

4.1 引言

在无监督学习中，描述型模型用于探索分析未标记数据中的内在模式。无监督学习相关任务包括用于聚类的算法以及用于数据降维的算法。在聚类中，将观察对象分配到组内高度同质性、组间高度异质性的不同组中，简而言之，就是将高度相似的观测值放在同样的本聚类簇中。聚类算法适用于很多场合，例如，市场分析师会通过客户的购物行为将其进行分类，并根据客户的不同分类向选定的客户群推送市场营销广告进而提高商品销售量。

注释： 此外，层次聚类方法也广泛应用于神经学和运动行为学研究中（https://www.researchgate.net/profile/Ming-Yang_Cheng/project/The-Effect-of-SMR-Neurofeedback-Training-on-Mental-Representation-and-Golf-Putting-Performance/attachment/57c8419808aeef0362ac36a5/AS:401522300080128@1472741784217/download/Schack+-+2012+-+Measuring+mental+representations.pdf?context=ProjectUpdatesLog）。同时，k-均值聚类方法也已经应用于欺诈事件检测中（https://www.semanticscholar.org/paper/Fraud-Detection-in-Credit-Card-by-Clustering-Tech/3e98a9ac78b5b89944720c2b428ebf3e46d9950f）。

然而，在建立描述型或预测型模型时，为了实现模型确定哪些特征应该纳入模型，以及为了缩小模型规模确定哪些特征应该排除等，这些都不是一件容易的事。因为模型中的变量越多，多重共线性和模型过度拟合的可能性就越高，会有很多麻烦。除此之外，大量的特征会增加模型的复杂性以及增加模型调参和拟合的时间。

对于较大的数据集，这些就会变得更麻烦。幸运的是，无监督学习的另一个用途是通过创建原始特征组合的方式降低数据集中的特征数量。减少数据集中的特征数量有助于消除多重共线性，使特征组合收敛于一个最佳生成模型，其中该模型对未见过的测试数据运行良好。

注释： 多重共线性是至少两个变量相关联的情况。因为线性回归模型中不允许每个自变量与结果度量之间有孤立关系，所以多重共线性会是一个问题。因此，相关系数和p值变得不稳定且精确度较低。

本章将介绍两种广泛使用的无监督聚类算法：层次聚类分析（HCA）和k-均值聚类。此外，将使用主成分分析（PCA）进行降维，并观察降维如何改善模型性能。最后，将应用线性判别函数分析（LDA）实现有监督的降维。

4.2 层次聚类分析

当用户没有构建聚类的先验数量时，进行层次聚类分析（HCA）是最优操作。因此，把HCA用作其他集群技术的前锋是一种常见的做法，通过HCA可以得到推荐的预确定群集数量。HCA的工作原理是将相似的观测值并到群集中，然后继续合并最接近的群集，直到将所有相似的观测值合并到一个群集中为止。

HCA将相似性确定为观测值之间的欧几里得距离，并在两个点之间创建连接。

用n表示特征数量，欧几里得距离的计算公式如图4.1所示。

$$\mathrm{dist}(x,y) = \sqrt{\sum_{i=1}^{n}(x_i - y_i)^2}$$

图 4.1　欧几里得距离

计算出观测值和聚类之间的距离后，将使用树状图显示所有观测值之间的关系。树状图是树形结构，显示水平线作为连接之间的距离。

Thomas Schack博士将这种结构与人脑联系起来，在人类大脑中，每个观测值都是一个节点，观测值之间的连接是神经元（https://www.researchgate.net/profile/Ming-Yang_Cheng/project/The-Effect-of-SMR-Neurofeedback-Training-on-Mental-Representation-and-Golf-Putting-Performance/attachment/57c8419808aeef0362ac36a5/AS:401522300080128@1472741784217/download/Schack+-+2012+-+Measuring+mental+representations.pdf?context=ProjectUpdatesLog）。

这将创建一个层次结构，其中，紧密相关的项目被"分块"在一起形成聚类。树状图示例如图4.2所示。

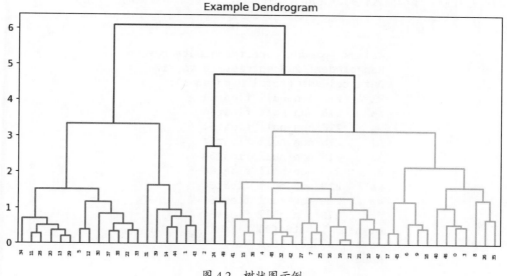

图 4.2　树状图示例

图4.2中y轴表示欧几里得距离，而x轴表示每个观测值的行索引。水平线表示观测值之间的连接；靠近x轴的连接表示观测值之间距离更短，并且关系也更近。在图4.2中，容易看出有3组聚类簇，第1组包括绿色的观测值，第2组包括红色的观测值，第3组包括蓝绿色的观测值。

练习34: 建立 HCA 模型

为了展示HCA模型，将使用处理过的加州大学尔湾分校的玻璃数据集（https://github.com/TrainingByPackt/Data-Science-with-Python/tree/master/Chapter04）。该数据集包含218个观测值

和9个特征，分别对应于glass.csv文件中发现的各种氧化物的质量百分比。

（1）RI。折射率。

（2）Na。钠的质量百分比。

（3）Mg。镁的质量百分比。

（4）Al。铝的质量百分比。

（5）Si。硅的质量百分比。

（6）K。钾的质量百分比。

（7）Ca。钙的质量百分比。

（8）Ba。钡的质量百分比。

（9）Fe。铁的质量百分比。

在本练习中，将使用每种氧化物的折射率（RI）和质量百分比来细分玻璃类型。

（1）导入Pandas并通过以下代码读取glass.csv文件。

```
import pandas as pd

df = pd.read_csv('glass.csv')
```

（2）在总控制程序框输入代码df.info()，则可以找出一些基本数据的框架信息，如图4.3所示。

```
print(df.info()):
```

```
<class 'pandas.core.frame.DataFrame'>
RangeIndex: 218 entries, 0 to 217
Data columns (total 9 columns):
RI      218 non-null float64
Na      218 non-null float64
Mg      218 non-null float64
Al      218 non-null float64
Si      218 non-null float64
K       218 non-null float64
Ca      218 non-null float64
Ba      218 non-null float64
Fe      218 non-null float64
dtypes: float64(9)
memory usage: 15.4 KB
None
```

图 4.3　DataFrame 信息

（3）为了消除数据中任何可能的顺序影响，在构建任何模型之前要对数据按行进行清洗并将其另存为新的数据框架对象，代码如下。

```
from sklearn.utils import shuffle
df_shuffled = shuffle(df, random_state=42)
```

（4）通过使用以下方法拟合和变换混洗后的数据，将每个观察结果转换为z-score。

```
from sklearn.preprocessing import StandardScaler
```

```
scaler = StandardScaler()
scaled_features = scaler.fit_transform(df_shuffled)
```

（5）使用scaled_features上的连接功能执行分层聚类。以下代码可以实现该功能。

```
from scipy.cluster.hierarchy import linkage
model = linkage(scaled_features, method='complete')
```

至此，HCA模型已经成功构建。

练习35：绘制HCA模型并分配预测

练习34已经建立了HCA模型，在此基础上，将继续使用树状图可视化聚类簇并使用可视化工具生成观测值来继续进行分析。

（1）通过绘制连接模型显示树状图，如图4.4所示。

```
import matplotlib.pyplot as plt
from scipy.cluster.hierarchy import dendrogram
plt.figure(figsize=(10,5))
plt.title('Dendrogram for Glass Data')
dendrogram(model, leaf_rotation=90, leaf_font_size=6)
plt.show()
```

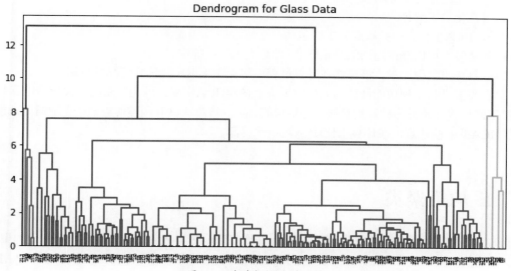

图 4.4　玻璃数据的树状图

注释：数据集中每个观测值或集合的行通常被设置为x轴，欧几里得距离设置为y轴。水平线是观测值之间的连接。默认情况下，SciPy将对找到的不同群集进行颜色编码。

由于我们拥有预测的观测值群集，因此可以使用fcluster()函数生成与df_shuffled中的行相对应的标签数组。

（2）使用以下代码生成观测值所属的聚类的预测标签。

```
from scipy.cluster.hierarchy import fcluster
labels = fcluster(model, t=9, criterion='distance')
```

（3）将标签数组作为列添加到随机数据中，并使用以下代码预览前5行。

```
df_shuffled['Predicted_Cluster'] = labels
print(df_shuffled.head(5))
```

（4）检查图4.5的输出。

```
         RI     Na    Mg    ...      Ba    Fe   Predicted_Cluster
100   1.51655  12.75  2.85  ...     0.11  0.22                  2
215   1.51640  14.37  0.00  ...     0.54  0.00                  2
139   1.51674  12.87  3.56  ...     0.00  0.00                  2
178   1.52247  14.86  2.20  ...     0.00  0.00                  2
15    1.51761  12.81  3.54  ...     0.00  0.00                  2
```

图 4.5　将预测与观测值匹配后，df_shuffled 的前 5 行

我们已经成功地了解了监督学习和无监督学习之间的区别和如何构建HCA模型、如何可视化和解释HCA树状图，以及如何将预测的聚类标签分配给适当的观察结果等。

在这里，可以利用HCA将数据分为3类，并将观测值与其预测的聚类进行匹配。HCA模型本身具有一些优点，主要包括：

（1）易于构建。

（2）无须预先指定聚类簇数。

（3）可视化易于解释。

但是，HCA也存在一些缺点，主要包括：

（1）算法没有可以普遍适用的终止标准（即聚类簇数的确定）。

（2）一旦作出聚类决策，该算法在计算过程中将无法根据实际计算情况进行调整。

（3）在需要进行多种功能计算的大型数据集上构建HCA模型，可能需要耗费大量的计算时间。

接下来，将介绍另一种聚类算法，即k-均值聚类。该算法具有调整群集初始生成时间的能力，解决了HCA的一些缺点，在计算上比HCA复杂性更低。

4.3　k-均值聚类

像HCA一样，k-均值聚类也是使用距离标准将观测值分类并分配给未在数据中标记的聚类。但是，k-均值聚类不是将观测结果彼此连接（如在HCA中那样），而是将观测结果分配给k（用户自定义的数量）个聚类簇。

为了确定每个观测值所属的聚类，将随机生成k个聚类中心，并将观测值分配给其欧几里得距离最接近聚类中心的聚类。像人工神经网络中的初始权重一样，聚类中心是随机初始化的。聚类中心建立之后随机生成以下两个阶段。

（1）分配阶段。

（2）更新阶段。

注释： 随机生成的聚类中心很重要，有些人将这种聚类中心的随机生成视为算法的弱点，因为在拟合相同数据上使用相同模型，并且不能保证将观测值分配给适当的聚类，但是通过利用循环的力量，可以将其弱点转变为优势。

（1）在分配阶段，将观测值分配给具有最小欧几里得距离的聚类，如图4.6所示。

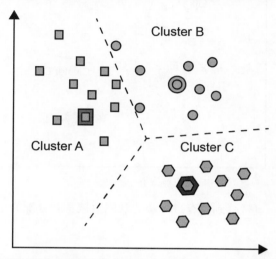

图 4.6 观测值和聚类中心的散点图，分别用正方形、圆形和六边形表示

（2）在更新阶段，将聚类中心更换成该聚类中所有点的平均值。这些聚类的平均值称为聚类质心，如图4.7所示。

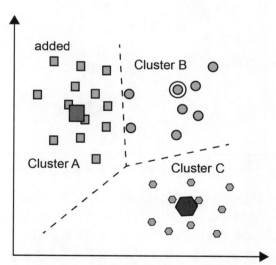

图 4.7 聚类中心向聚类质心的移动

（3）一旦计算了质心，由于新的质心比以前的聚类中心更近，有些观测值将重新分配给其他聚类。因此，模型必须再次更新其质心，如图4.8所示。

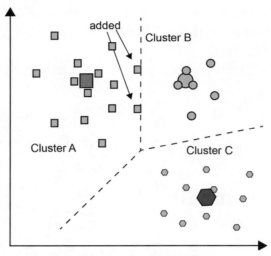

图 4.8　观测分配后更新质心

（4）更新质心的过程一直持续到没有进一步的观测值被重新分配为止。 最终的质心位置和聚类分配如图4.9所示。

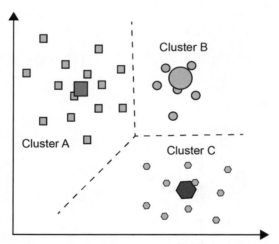

图 4.9　最终的质心位置和聚类分配

对于练习34（构建HCA模型）中的玻璃数据集，可以使用用户定义数量的聚类拟合k-均值聚类模型。由于选择聚类质心的随机性，将通过建立具有给定数量簇的k-均值聚类模型的集合并将每个观测值分配给预测簇的模式来增加预测的信心。然后，我们通过监视平均惯量或群集内平方和（按群集数）来调整最佳群集数，并通过添加更多群集来找到惯性收益递减的点。

练习 36: 拟合 k- 均值聚类模型并分配预测

本练习使用练习34已经处理好的数据，结合已经了解的k-均值算法背后的概念，进行k-均值聚类模型的拟合，进一步生成观测值并把观测值与观测对象进行匹配。

玻璃数据集被导入、清洗和标准化之后，可以进行以下操作。

（1）实例化具有两个任意数量的k-均值聚类模型（KMeans），代码如下。

```
from sklearn.cluster import KMeans
model = KMeans(n_clusters=2)
```

（2）使用以下代码进行模型拟合scaled_features。

```
model.fit(scaled_features)
```

（3）使用以下代码将模型中的聚类标签保存到数组标签中。

```
labels = model.labels_
```

（4）生成标签的频率表。

```
import pandas as pd
pd.value_counts(labels)
```

输出结果如图4.10所示。

```
1    157
0     61
dtype: int64
```

图 4.10　两个聚类的频率表

由图4.10可知，61个观测值被分组到第1个聚类中，157个观测值被分组到第2个聚类中。

（5）将标签数组作为Predicted_Cluster列添加到df_shuffled数据框中，并使用以下代码预览前5行。

```
df_shuffled['Predicted_Cluster'] = labels
print(df_shuffled.head(5))
```

上面代码输出如图4.11所示。

	RI	Na	Mg	...	Ba	Fe	Predicted_Cluster
100	1.51655	12.75	2.85	...	0.11	0.22	1
215	1.51640	14.37	0.00	...	0.54	0.00	0
139	1.51674	12.87	3.56	...	0.00	0.00	1
178	1.52247	14.86	2.20	...	0.00	0.00	1
15	1.51761	12.81	3.54	...	0.00	0.00	1

图 4.11　df_shuffled 的前 5 行

作业 12：k- 均值聚类和计算预测的共同练习

当算法将随机性作为寻找最优解的方法的一部分时（即在人工神经网络和k-均值聚类中），对相同数据运行相同的模型可能会得出不同的结论，从而限制了预测的准确性。建议多次运行这些模型，并使用所有模型（即均值、中位数和众数）的汇总度量来生成预测。在本次作业中，将建立一个$k=100$的均值聚类模型的组合。

将玻璃数据集导入模型，经过清洗和标准化后（具体操作参阅练习34：构建HCA模型），执行以下操作步骤。

（1）实例化一个空的数据框为每个模型附加标签，并将其另存为新的数据框对象labels_df。

（2）使用for循环，迭代100个模型，并在每次迭代时将预测的标签作为新列追加到labels_df。计算labels_df中每一行的模式，并将其另存为labels_df的新列。输出如图4.12所示。

```
     Model_1_Labels  Model_2_Labels  ...  Model_100_Labels  row_mode
0                 0               0  ...                 0         0
1                 1               1  ...                 1         1
2                 0               0  ...                 0         0
3                 0               0  ...                 0         0
4                 0               0  ...                 0         0

[5 rows x 101 columns]
```

图 4.12　labels_df 的前 5 行

通过遍历众多模型，在每次迭代中保存预测，并将最终预测指定为这些预测的模式，大大提高了对预测的信心。但是，这些预测是通过使用预定数量的聚类的模型生成的，除非明确知道聚类的数量，否则我们将希望发现最佳的聚类数量以细分观测结果。

练习 37：通过 n_clusters 计算平均惯性

k-均值算法通过最小化簇内平方和或惯性将观测结果分为多个簇。因此，为了提高对k-均值聚类模型已调整簇数的信心，本练习将把作业12中创建的循环放置在另一个循环中，对k-均值聚类和计算预测进行一些小的调整，遍历n_clusters范围，创建一个嵌套循环，为n_clusters迭代10个可能的值，并在每次迭代时构建100个模型，在每100次内部迭代中，计算模型惯性。对于每个外部迭代，计算100个模型的平均惯性，从而得出每个n_clusters值的平均惯性值。

导入、改组和标准化玻璃数据集之后（请参阅练习34：构建HCA模型），执行以下操作步骤。

（1）将所需的包导入循环之外，代码如下。

```
from sklearn.cluster import KMeans
import numpy as np
```

（2）通过由内而外的工作，可以更轻松地构建和理解嵌套循环。首先，实例化一个空惯性列表，在内部循环的每次迭代之后，为其添加惯性值，代码如下。

```
inertia_list = []
```

（3）在for循环中，使用以下代码迭代100个模型。

```
for i in range(100):
```

（4）在循环内部，使用n_clusters = x构建k-均值聚类模型，代码如下。

```
model = KMeans(n_clusters=x)
```

注释： x的值由外部for循环确定。

（5）将模型拟合到scaled_features中，代码如下。

```
model.fit(scaled_features)
```

（6）获取惯性值并将其保存为对象，代码如下。

```
inertia = model.inertia_
```

（7）使用以下代码将惯性对象追加到inertia_list中。

```
inertia_list.append(inertia)
```

（8）移至外部循环，实例化另一个空列表以存储平均惯性值，代码如下。

```
mean_inertia_list = []
```

（9）使用以下代码遍历n_clusters的值1～10。

```
for x in range(1, 11):
```

（10）内部for循环运行了100次迭代，并将100个模型中的每个模型的惯性值附加到惯性列表之后，计算该列表的平均值并将其保存为对象mean_inertia，代码如下。

```
mean_inertia = np.mean(inertia_list)
```

（11）将mean_inertia追加到mean_inertia_list，代码如下。

```
mean_inertia_list.append(mean_inertia)
```

（12）完成100次迭代后，总共进行了1000次迭代，mean_inertia_list包含10个值，它们是n_clusters每个值的平均惯性值。

（13）打印mean_inertia_list，代码如下，值如图4.13所示。

```
print(mean_inertia_list)
```

```
[1961.9999999999998, 1341.158072686119, 1013.183469500984, 856.6385685772449, 722.9110960360813,
603.1272461641258, 498.57219149636114, 450.03610411899103, 409.1821381484066, 373.0986488183049]
```

图 4.13　mean_inertia_list

练习38：用n_clusters绘制平均惯性

练习37已经为n_clusters的每个值生成了100多个模型的平均惯性，下面将通过n_clusters绘制平均惯性图，然后讨论如何直观地评估用于n_clusters的最佳值。

（1）按以下代码导入Matplotlib。

```
import matplotlib.pyplot as plt
```

（2）创建一个数字列表并将其保存为对象x，因此可以在x轴上绘制这些数字，代码如下。

```
x = list(range(1, len(mean_inertia_list)+1))
```

（3）保存mean_inertia_list为对象y，代码如下。

```
y = mean_inertia_list
```

（4）按簇数绘制平均惯性，代码如下。

```
plt.plot(x, y)
```

（5）使用以下代码设置图标题。

```
plt.title('Mean Inertia by n_clusters')
```

（6）使用plt.xlabel('n_clusters')标记x轴为n_clusters，并使用以下代码标记y轴为Mean Inertia。

```
plt.ylabel ('Mean Inertia')
```

（7）使用以下代码将x轴上的刻度标签设置为x中的值。

```
plt.xticks(x)
```

（8）打印n_clusters的平均惯性图，代码如下。

```
plt.plot(x,y)
plt.title('Mean Inertia by n_clusters')
plt.xlabel ('n_clusters')
plt.xticks (x)
plt.ylabel ('Mean Inertia')
plt.show()
```

结果输出如图4.14所示。

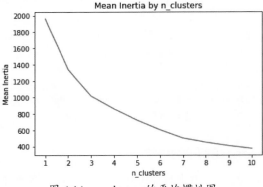

图 4.14　n_clusters 的平均惯性图

　　为了确定n_clusters的最佳数量，将使用"肘方法"。也就是说，图4.14中的点由于更多聚类的复杂性而使收益递减。从图4.14可以看出，平均惯性在n_clusters 为1 ～ 3时迅速减小，在n_clusters等于3之后，平均惯性的减小似乎变得不那么迅速，并且平均惯性的减小可能不值得增加其他复杂的聚类。

　　因此，在这种情况下，n_clusters的适当数量为3。但是，如果数据的维数过多，则由于膨胀的欧几里得距离和随后的错误结果，k-均值算法可能会遭受维数诅咒。因此，在拟合k-均值聚类模型之前，鼓励使用降维策略。

　　减少维数有助于消除多重共线性，并减少模型拟合的时间。主成分分析（PCA）是通过发现数据中一组基础线性变量来减少维数的常用方法。

4.4 主成分分析

从高层次上讲，主成分分析（PCA）是一种用于从称为要素的原始特征中创建不相关的线性组合的技术。在主要组成部分中，第一个组成部分解释了数据中方差的最大比例，而随后的组成部分说明了方差逐渐减小。

为了演示PCA，我们将进行以下操作：

（1）使PCA模型与所有主要组件匹配。

（2）通过设置解释方差的阈值来调整主成分分数以保留在数据中。

（3）将这些组件用于k-均值聚类分析，并比较PCA转换前后的k-均值性能。

练习39: 拟合 PCA 模型

在本练习中，我们将使用在练习34和PCA的简要说明中准备的数据来拟合通用PCA模型。

（1）实例化PCA模型，代码如下。

```
from sklearn.decomposition import PCA
model = PCA()
```

（2）使用PCA模型拟合scaled_features，代码如下。

```
model.fit(scaled_features)
```

（3）获取每个组件的数据中已解释方差的比例，将数组另存为对象explained_var_ratio，然后使用以下代码将值打印到控制台。

```
explained_var_ratio = model.explained_variance_ratio_
print(explained_var_ratio)
```

（4）结果输出如图4.15所示。

```
[3.53143625e-01 2.50532563e-01 1.25244721e-01 9.69358544e-02
 9.26479607e-02 4.62631534e-02 2.77498886e-02 7.37245537e-03
 1.09779199e-04]
```

图 4.15　每个主成分的数据的解释方差

每个主成分都解释了一部分数据差异。在本练习中，第一个主成分解释了数据差异的0.35，第二个解释了0.25，第三个解释了0.13，以此类推。这9个组成部分解释了数据差异的100%。降维的目的是减少数据中的维数，以限制过度拟合和拟合后续模型的时间。因此，将不会保留所有9个组成部分。但是，如果我们保留的组件太少，则数据中所解释的方差的百分比将很低，对于后续模型将不适合。因此，数据科学家面临的挑战是确定使过拟合和欠拟合最小化的分量的数量。

练习40: 使用解释方差阈值选择 n_components

在练习39中，学习了如何将PCA模型与所有可用的主要组件拟合。但是，保留所有主成分并不会减少数据中的维数。在本练习中，将通过保留解释数据差异阈值的组件来减少数据中的维数。具体操作步骤如下。

（1）通过计算主成分解释的方差的累积总和确定主成分的数目，该主成分至少解释了数据中95%的方差，代码如下。

```
import numpy as np
cum_sum_explained_var = np.cumsum(model.explained_variance_ratio_)
print(cum_sum_explained_var)
```

结果输出如图4.16所示。

```
[0.35314362 0.60367619 0.72892091 0.82585676 0.91850472 0.96476788
 0.99251777 0.99989022 1.          ]
```

图 4.16　每个主成分的解释方差的累积总和

（2）将保留数据的差异百分比阈值设置为95%，代码如下。

```
threshold = .95
```

（3）使用该阈值遍历累积的解释方差列表，并在其中解释不少于95%的数据方差。由于将遍历cum_sum_explained_var的索引，因此使用以下代码实例化循环。

```
for i in range(len(cum_sum_explained_var)):
```

（4）检查cum_sum_explained_var中的项目是否大于或等于0.95，代码如下。

```
if cum_sum_explained_var[i] >= threshold:
```

（5）如果满足该逻辑，那么将该索引加1（因为不能有0个主成分），将值另存为对象，然后中断循环。因此，在if语句内使用best_n_components = i + 1，并在下一行中断，代码如下。

```
best_n_components = i+1
break
```

如果不满足该逻辑，则if语句的最后两行指示循环不执行任何操作，代码如下。

```
else:
pass
```

（6）使用以下代码打印一条消息，详细说明最佳组件数量。

```
print('The best n_components is {}'.format(best_n_components))
```

代码输出如图4.17所示。

```
The best n_components is 6
```

图 4.17　组件数量的输出消息

图4.17显示best_n_components的值为6。可以重新拟合n_components = 6的另一个PCA模型，将数据转换为主成分，并在新的k-均值聚类模型中使用这些成分以降低惯性值。此外，对于使用PCA转换数据构建的模型与使用非PCA转换数据构建的模型，可以比较n_clusters值之间的惯性值。

作业 13：PCA 转换后通过聚类评估平均惯性

现在，我们知道了要保留至少95%的方差的成分数量，以及如何将特征转换为主成分，为嵌套循环的k-均值聚类调整最佳聚类数量的方法，下面在作业中进行相关的练习。

接着练习40，继续执行以下操作步骤。

（1）实例化一个PCA模型，使n_components参数的值等于best_n_components（best_n_components=6）。

（2）使用模型拟合scaled_features并将其转换为前6个主成分。

（3）使用嵌套循环，计算100个模型的平均惯性并赋值给n_clusters（参阅练习40，使用"解释方差的阈值"选择n_components），如图4.18所示。

```
[1892.8745743658694, 1272.0635708451114, 945.9585011131066, 792.9280542109909, 660.6137294703674, 542.2679610880247,
448.0582942646142, 402.0775746619672, 363.76887622845425, 330.43291214440774]
```

图 4.18　mean_inertia_list_PCA

现在，就像练习38用n_clusters绘制平均惯量一样，n_clusters的每个值（1 ~ 10）都有一个平均惯性值。但是，mean_inertia_list_PCA包含PCA转换后n_clusters的每个值的平均惯性值。但如何知道PCA转换后k-均值聚类模型的效果是否更好呢？在练习41中，将在视觉上比较PCA变换前后n_clusters的每个值的平均惯性值。

练习 41：n_clusters 对惯性的视觉比较

为了直观地比较PCA转换前后n_clusters的平均惯性，将对练习38中创建的图（n_clusters的平均惯性图）进行以下修改。

（1）在图上添加第二条线，以显示PCA转换后n_clusters的平均惯性。

（2）创建图例以区分线条。

（3）更改标题。

注释： 为了使此可视化正常工作，练习38（用n_clusters绘制平均惯性绘制）中的mean_inertia_list_PCA必须仍在环境中。

接着作业13，继续执行以下操作步骤。

（1）使用以下代码导入Matplotlib。

```
import matplotlib.pyplot as plt
```

（2）创建一个数字列表并将其保存为对象x，可以按以下代码在x轴上进行绘制。

```
x = list(range(1,len(mean_inertia_list_PCA)+1))
```

（3）使用以下代码将mean_inertia_list_PCA保存为对象y。

```
y = mean_inertia_list_PCA
```

（4）使用以下代码将mean_inertia_list保存为对象y2。

```
y2 = mean_inertia_list
```

4

降维和无监督学习

（5）使用以下代码按簇数绘制PCA变换后的平均惯性。

```
plt.plot(x, y, label='PCA')
```

在PCA转换之前，按以下代码添加第2组平均惯性线。

```
plt.plot(x, y2, label='No PCA)
```

（6）设置图标题，代码如下。

```
plt.title('Mean Inertia by n_clusters for Original Features and PCA
Transformed Features')
```

（7）使用以下代码标记x轴。

```
plt.xlabel('n_clusters')
```

（8）使用以下代码标记y轴。

```
plt.ylabel('Mean Inertia')
```

（9）使用plt.xticks(x)将x轴上的刻度标签设置为x中的值。

（10）使用显示图例，并显示图，如图4.19所示。

```
plt.legend()
plt.show()
```

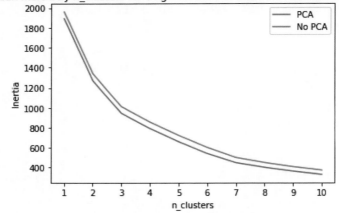

图 4.19　原始特征的 n_clusters 平均惯性和 PCA 转换的功能

从图4.19中可以看出，使用PCA变换特征，模型中每个聚类的惯性都较低。这表明相对于变换之前，在PCA变换之后，每个聚类中的组质心与观测值之间的距离都较小。因此，通过对原始特征使用PCA变换，能够减少特征数量，并通过减少聚类内平方和（即惯性）同时改进模型。

HCA和k-均值聚类是用于分割的两种广泛使用的无监督学习技术。PCA可用于帮助减少数据中的维数并以无人监督的方式改进模型。另外，线性判别函数分析（LDA）是通过数据压缩减少维数的一种有监督的方法。

4.5 使用线性判别函数分析的监督数据压缩

如前所述，PCA将特征转换为一组变量以使各个特征之间的差异最大化。在PCA中，拟合模型时不考虑输出标签。同时，线性判别函数分析（LDA）使用因变量将数据压缩为最能区分结果变量类别的特征。本节将逐步介绍如何将LDA用作监督数据压缩技术。

为了演示使用LDA作为监督数据压缩技术，我们将进行以下操作：

（1）使用所有可能的n_components拟合LDA模型。

（2）将功能转换为n_components。

（3）调整n_components的数量。

练习42：拟合LDA模型

为了使用LDAalgorithm的默认参数将模型拟合为受监督的学习者，将使用稍有不同的glass数据集glass_w_outcome.csv（https://github.com/TrainingByPackt/Data-Science-with-Python /tree/master/ Chapter04）。

该数据集包含与玻璃相同的9个特征，此外，还包含对应于玻璃类型的结果变量Type。 类型标记为1、2和3的量分别是经过浮动处理的建筑窗户、未经过浮动处理的建筑窗户和前照灯。

（1）导入glass_w_outcome.csv文件，并将其保存为对象df，代码如下。

```
import pandas as pd
df = pd.read_csv('glass_w_outcome.csv')
```

（2）随机整理数据以消除任何排序效果，并将其另存为数据框df_shuffled，代码如下。

```
from sklearn.utils import shuffle
df_shuffled = shuffle(df, random_state=42)
```

（3）将"类型"另存为DV（即因变量）。

```
DV = 'Type'
```

（4）分别使用X = df_shuffled.drop(DV,axis = 1)和y = df_shuffled [DV]将混洗后的数据分为特征（即X）和结果（即y）。

（5）将X和y分为测试集和训练集。

```
from sklearn.model_selection import train_test_split
X_train, X_test, y_train, y_test = train_test_split(X, y, test_size=0.33,random_state=42)
```

（6）使用以下代码分别缩放X_train和X_test。

```
from sklearn.preprocessing import StandardScaler
scaler = StandardScaler()
X_train_scaled = scaler.fit_transform(X_train)
```

```
X_test_scaled = scaler.fit_transform(X_test)
```

（7）实例化LDA模型并将其另存为模型，代码如下。

```
from sklearn.discriminant_analysis import LinearDiscriminantAnalysis
-model = LinearDiscriminantAnalysis()
```

注释：通过实例化一个不带参数n_components的LDA模型将返回所有可能的组件。

（8）使用以下代码将模型拟合到训练集。

```
model.fit(X_train_scaled, y_train)
```

（9）结果输出如图4.20所示。

array([0.95863843, 0.04136157])

图 4.20　拟合线性判别函数分析的输出

（10）返回每个组件解释的方差百分比，代码如下。

```
model.explained_variance_ratio_
```

结果输出如图4.21所示。

array([0.95863843, 0.04136157])

图 4.21　按组件说明的方差

注释：第一部分解释了数据差异的95.86%，第二部分解释了数据差异的4.14%，总计为100%。

我们已经成功地拟合了LDA模型，将数据从9个特征压缩为2个特征，将功能减少到2个，可以减少调整和适应机器学习模型的时间。但是，在分类器模型中使用这些功能之前，必须将训练功能和测试功能转换为它们的两个组成部分。在练习43中，将展示如何完成此操作。

练习43：在分类器模型中使用LDA变换后的组件

使用监督数据压缩，可以将训练和测试功能（即分别为X_train_scaled和X_test_scaled）转换为它们的组件，并在它们上拟合RandomForestClassifier模型。

接着练习42，继续执行以下操作步骤。

（1）将X_train_scaled压缩为其组件，代码如下。

```
X_train_LDA = model.transform(X_train_scaled)
```

（2）使用以下代码将X_test_scaled压缩为其组件。

```
X_test_LDA = model.transform(X_test_scaled)
```

（3）实例化RandomForestClassifier模型，代码如下。

```
from sklearn.ensemble import RandomForestClassifier
model = RandomForestClassifier()
```

注释：我们将使用RandomForestClassifier模型的默认超参数，因为调整超参数超出了本章的范围。

（4）使用以下代码将模型拟合到压缩的训练集中。

```
model.fit(X_train_LDA, y_train)
```

结果输出如图4.22所示。

```
RandomForestClassifier(bootstrap=True, class_weight=None, criterion='gini',
            max_depth=None, max_features='auto', max_leaf_nodes=None,
            min_impurity_decrease=0.0, min_impurity_split=None,
            min_samples_leaf=1, min_samples_split=2,
            min_weight_fraction_leaf=0.0, n_estimators=10, n_jobs=None,
            oob_score=False, random_state=None, verbose=0,
            warm_start=False)
```

图 4.22　拟合随机森林分类器模型后的输出

（5）使用以下代码在X_test_LDA上生成预测并将其保存为数组，即预测。

```
predictions = model.predict(X_test_LDA)
```

（6）通过使用混淆矩阵将预测与y_test进行比较以评估模型性能，生成并打印混淆矩阵，代码如下。

```
from sklearn.metrics import confusion_matrix
import pandas as pd
import numpy as np
cm = pd.DataFrame(confusion_matrix(y_test, predictions))
cm['Total'] = np.sum(cm, axis=1)
cm = cm.append(np.sum(cm, axis=0), ignore_index=True)
cm.columns = ['Predicted 1', 'Predicted 2', 'Predicted 3', 'Total']
cm = cm.set_index([['Actual 1', 'Actual 2', 'Actual 3', 'Total']])
print(cm)
```

结果输出如图4.23所示。

	Predicted 1	Predicted 2	Predicted 3	Total
Actual 1	14	8	0	22
Actual 2	5	16	2	23
Actual 3	1	3	23	27
Total	20	27	25	72

图 4.23　3×3混淆矩阵，用来使用 LDA 压缩数据评估 RandomForestClassifier 模型性能

4.6　本章小结

本章介绍了两种广泛使用的无监督聚类算法：HCA和k-均值聚类。在学习k-均值聚类的同时，利用循环的力量来创建模型集合，以调整聚类的数量并提高预测的正确性。在PCA部分中，确定

了用于降维的主成分数，并将这些成分拟合到k-均值聚类模型。此外，比较了PCA转换前后k-均值聚类模型性能的差异。还介绍了一种算法——LDA算法，以有监督的方式降低维数，然后，通过迭代组件的所有可能值并以编程方式返回该值，进一步从随机森林分类器模型中获得最佳准确性得分，从而调整了LDA中的组件数。通过本章学习，读者应该掌握了数据降维和无监督学习技术。

本章简要介绍了模型的构建。在第5章，将学习如何结构化数据以及如何使用XGBoost和Keras库。

第 5 章

掌握结构化数据

【学习目标】

学完本章，读者能够做到：

- 使用结构化数据创建高度精确的模型。
- 使用XGBoost库训练增强模型。
- 使用Keras库训练神经网络模型。
- 微调模型参数以获得最佳精确度。
- 使用交叉验证。
- 保存和加载被训练过的模型。

本章将介绍有关如何创建高度精确的结构化数据模型的基础知识。

5.1 引言

数据有两种主要类型，即结构化数据和非结构化数据。结构化数据是指具有定义格式并且通常以表格形式显示的数据，如存储在Excel工作表或关系数据库中的数据。非结构化数据没有预定义的架构，任何不能存储在表中的数据都属于此类别，如语音文件、图像和PDF文件等。

本章将重点介绍结构化数据以及使用XGBoost和Keras创建机器学习模型。由于XGBoost算法提供高精确度模型的速度快，以及其分布式特性，因而被业界专家和研究人员广泛使用。分布式特性是指并行处理数据和训练模型的能力，这样使数据科学家能够更快地培训模型，大大缩短了周转时间。另外，Keras用来创建神经网络模型，在某些情况下，神经网络比增强算法要好得多，但是要找到正确的网络和网络配置却很困难。以下将主要介绍这两个库，保证可以处理任何结构化数据。

5.2 提升算法

提升算法是一种提高机器学习算法精确度的方法。它通过将粗糙的、高层次的规则组合成一个比任何单一规则都更准确的单个预测来提高工作效率。或迭代地将训练集的子集提取到"弱"算法中，以生成弱模型，然后将这些弱模型组合起来形成最终的预测。两种最有效的提升算法是梯度提升算法和XGBoost算法。

1. 梯度提升算法

梯度提升算法（GBM）将分类树用作弱算法，然后通过使用可微的损失函数改进这些弱模型的估计值。该模型通过考虑先前树的净损失来拟合连续的树，因此，每棵树都部分存在于最终解决方案中。增强树会降低算法的速度，但它们提供的透明性会带来更好的预测结果。GBM算法具有很多参数，并且对噪声和极值敏感。同时，GBM会过度拟合数据，因此最佳模型需要一个合适的停止点。

2. XGBoost

当对结构化数据进行建模时，XGBoost是世界各地研究人员的首选算法。XGBoost也使用树作为弱算法。那么，为什么数据科学家看到结构化数据时首先想到的是XGBoost算法呢？XGBoost是可移植和分布式的，这意味着它可以方便地在不同的架构中使用，并且可以使用多核（单机）或多机（聚类）。另外，XGBoost库是用C++语言编写的，因此速度很快。在处理大型数据集时，它也很有用，因为它允许将数据存储在外部磁盘上，而不需要将所有数据加载到内存中。

注释：我们可以在此处阅读有关XGBoost的更多信息https://arxiv.org/abs/1603.02754。

练习 44：使用 XGBoost 库进行分类

在本练习中，将使用适用于Python的XGBoost库对批发客户数据集（https://github.com/TrainingByPackt/Data-Science-with-Python/tree/master/Chapter05/data）进行分类。该数据集是批发分销商客户的购买数据，包括各种产品类别的年度支出，我们将根据各种产品的年度支出来预测渠道。渠道描述了客户是horeca（酒店/餐厅/咖啡厅）还是零售客户。

（1）从虚拟环境中打开Jupyter 笔记本。

（2）导入XGBoost、Pandas和sklearn，用于计算精确度。要理解模型是如何执行的，精确度是必需的。

```
import pandas as pd
import xgboost as xgb
from sklearn.metrics import accuracy_score
```

（3）使用Pandas读取批发客户数据集，并使用以下代码检查是否成功加载了该数据集。

```
data = pd.read_csv("data/wholesale-data.csv")
```

（4）使用head()函数检查数据集的前5个条目，输出如图5.1所示。

```
data.head()
```

Out[7]:

	Channel	Region	Fresh	Milk	Grocery	Frozen	Detergents_Paper	Delicassen
0	2	3	12669	9656	7561	214	2674	1338
1	2	3	7057	9810	9568	1762	3293	1776
2	2	3	6353	8808	7684	2405	3516	7844
3	1	3	13265	1196	4221	6404	507	1788
4	2	3	22615	5410	7198	3915	1777	5185

图 5.1　显示数据集的前5个条目

（5）现在，data数据模型具有所有数据。它具有目标变量，在本例中为Channel，并且具有预测变量。因此，我们将数据分为特征（预测变量）和标签（目标）。

```
X = data.copy()
X.drop("Channel", inplace = True, axis = 1)
Y = data.Channel
```

（6）创建训练集和测试集。在这里，使用80∶20的比例，因为数据集中的数据数量较少。

```
X_train,X_test=X[:int(X.shape[0]*0.8)].values, X[int(X.shape[0]*0.8):].values
Y_train,Y_test = Y[:int(Y.shape[0]*0.8)].values, Y[int(Y.shape[0]*0.8):].values
```

（7）将Pandas数据模型转换为DMatrix，这是XGBoost用于存储训练集和测试集的内部数据结构。

```
train = xgb.DMatrix(X_train, label=Y_train)
test = xgb.DMatrix(X_test, label=Y_test)
```

（8）指定训练参数并训练模型。

注释：在5.3节中，将深入探讨这些参数。

```
param = {'max_depth':6, 'eta':0.1, 'silent':1,
'objective':'multi:softmax', 'num_class': 3}
num_round = 5
model = xgb.train(param, train, num_round)
```

注释：默认情况下，XGBoost使用所有可用的线程进行多处理。为了限制这一点，可以使用nthread参数。

（9）使用刚刚创建的模型预测测试集的"通道"值。

```
preds = model.predict(test)
```

（10）获取为测试集所训练的模型的精确度。

```
acc = accuracy_score(Y_test, preds)
print("Accuracy: %.2f%%" % (acc * 100.0))
```

结果输出如图5.2所示。

```
Accuracy: 89.77%
```

图5.2　最终精确度

此时，已制作了第一个XGBoost模型，其精确度约为90%，因此无须进行很多微调！

5.3　XGBoost 库

用于执行上述分类的库名为XGBoost，可以使用该库的许多参数进行很多自定义。下面将深入了解XGBoost库的不同参数和函数。

注释：有关XGBoost的更多信息，可访问网站https://xgboost.readthedocs.io。

1. 训练

下面列出了影响XGBoost模型训练的参数。

（1）booster。尽管在引言中提到XGBoost的基础学习器是一棵回归树，但使用此库，也可以将线性回归用作弱学习器。另一个功能较弱的学习器：DART Booster是提升树的一种新方法，该方法可随机丢弃树以防止过度拟合。要使用提升树功能，则传递gbtree（默认值）；要使用线性回归，则传递gblinear；要使用带有dropout的提升树，则传递dart。

注释：可以从以下文献中了解有关DART的更多信息http://www.jmlr.org/proceedings/papers/v38/korlakaivinayak15.pdf。

（2）silent。0为培训日志，1为静音模式。

（3）nthread。表示要使用的并行线程数，默认为系统中可用的最大线程数。

注释：不建议使用silent参数，可将其替换为verbosity，后者取以下任何一个值：0（silent），1（warning），2（info），3（debug）。

（4）seed。随机数生成器的种子值。在这里设定一个常数值，以获得可重复的结果。默认值为0。

（5）objective。这是模型试图最小化的函数。接下来的几项涵盖了目标函数。

① reg：linear（默认）。线性回归应与连续目标变量一起使用（回归问题）。

② binary：logistic。用于二进制分类的逻辑回归，它输出概率而不是类别。

③ binary：hinge。这是二进制分类，输出的预测为0或1，而不是概率。当不关心概率时，可使用此选项。

④ multi：softmax。如果要进行多类分类，使用此方法通过Softmax目标执行分类。 必须将num_class参数设置为此的类数。

⑤ multi：softprob。与Softmax相同，但是输出的预测为每个数据点的概率，而不是预测类。

（6）eval_metric。需要在验证数据集上观察模型的性能（如第1章所述）。该参数采用验证数据的评估指标。默认指标是根据目标函数选择的（RMSE用于回归，Logloss用于分类）。可以使用多个评估指标。

① RMSE。均方根误差，对较大误差的惩罚更大。因此，如果1分之差比3分之差的3倍还多，这是合理的。

② MAE。平均绝对误差，可以用在误差为1的情况，类似于误差为3。

图5.3所示为实际值与预测值之差。图5.4所示为MAE与RMSE的变化。

$$X = \text{Actual Value} - \text{Predicted Value}$$

图 5.3　实际值与预测值之差

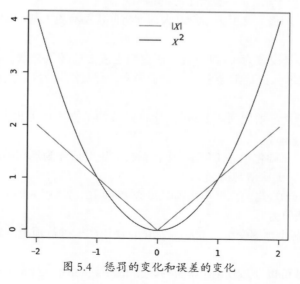

图 5.4　惩罚的变化和误差的变化

$|X| - \text{MAE}$；　$X^2 - \text{RMSE}$

③ Logloss。分类损失函数。最小化模型的Logloss损失等同于最大化模型的准确率，Logloss数学定义如图5.5所示。

$$\text{Logloss} = -\frac{1}{N} \sum_{i=1}^{N} \sum_{j=1}^{M} y_{ij} \log p_{ij}$$

图 5.5　Logloss 数学方程

式中，N是数据点的个数；M是类的个数，根据预测是否正确而取1或0，是为数据点i预测标签j的概率。

① AUC。曲线下的面积，广泛用于二进制分类。如果数据集存在类不均衡问题，则应使用此方法。当数据没有分成相似大小的类时，就会发生类不均衡问题。例如，类别A构成数据的90%，类别B构成数据的10%。我们将在"处理不均衡数据集"部分中更多地讨论类不均衡问题。

② AUCPR。精确调用（PR）曲线下的面积与AUC曲线相同，但在高度不平衡数据集的情况下应作为首选。我们也将在"处理不均衡数据集"部分中对此进行讨论。

注释： 每当使用二进制数据集时，应将AUC或AUCPR用作经验法则。

2. 树助推器

下面列出了特定用于树的模型的参数。

（1）eta。学习率，修改此值以防止过度拟合，学习率取决于每个步骤中权重的更新程度。权重的梯度乘以eta，然后添加到权重上。eta默认值为0.3，最大值为1，最小值为0。

（2）gamma。这是制作分区减少损失的最小值。gamma值越大，算法越保守，可以防止过度拟合。该值取决于数据集和使用的其他参数。它的范围是0到无穷大，默认值为0。较低的值会导致树变浅，较大的值会导致树变深。

注释： 大于1的gamma值通常不会产生好的结果。

（3）max_depth。树的最大深度，增加最大深度将使模型有更大的可能会过度拟合。0表示没有限制，默认值为6。

（4）subsample。将其设置为0.5将导致算法在树生成之前随机抽取一半的训练数据，这样可以防止过度拟合。每次增强迭代都会发生一次子采样，并且默认为1，这会使模型采用完整的数据集而不是样本。

（5）lambda。这是L2正则化项。L2正则化将系数的平方值作为损失项添加到损失函数中。增大此值可防止过度拟合，默认值为1。

（6）alpha。这是L1正则化项。L1正则化将系数的绝对值作为惩罚项添加到损失函数中。增大此值可防止过度拟合，默认值为0。

（7）scale_pos_weight。当类高度不均衡时，这很有用。考虑引入的一个典型值：负实例的总和/正实例的总和。默认值为1。

（8）predictor。有两个预测变量。cpu_predictor使用CPU进行预测，为默认项；gpu_predictor使用GPU进行预测。

注释： 在以下网址可以获取所有参数的列表https://xgboost.readthedocs.io/en/latest/parameter.html。

3. 控制模型过度拟合

如果训练集的准确率很高，而测试集的准确率却很低，那么模型就过度拟合了训练数据。在XGBoost中限制过度拟合的方法主要有两种。

（1）控制模型的复杂性。在监视训练和测试指标的同时，修改max_depth、min_child_weight和gamma以获得最佳模型，而不会过度拟合训练集。

（2）向模型添加随机性以使训练对噪声具有鲁棒性。使用subsample参数获取训练数据的子样本，将子样本参数设置为0.5，库将在创建弱模型之前随机抽取训练集的一半。 colsample_bytree与子采样具有相同的功能，但只是列而不是行。

为了更好地理解，可以参考图5.6中的训练图和准确率图。

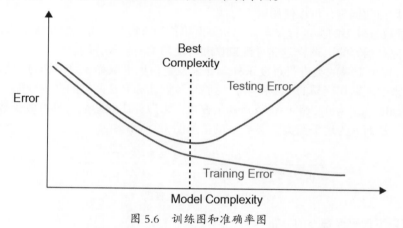

图 5.6 训练图和准确率图

要了解具有过度拟合和适当拟合模型的数据集的概念，可以参考图5.7。

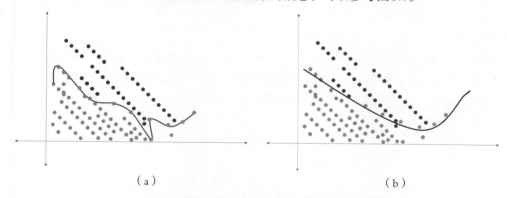

（a）   （b）

图 5.7 带有过度拟合和适当拟合模型的数据集插图

注释：图5.7（a）表示具有适当拟合的模型，而图5.7（b）表示的模型已过度拟合数据集。

4. 处理不均衡数据集

数据集不均衡给数据科学家带来很多问题。不均衡数据集的典型案例如信用卡欺诈数据，该数据集中大约95%的交易是合法的，只有5%的交易是欺诈的。在这种情况下，预测每个交易都是正确交易的模型将获得95%的准确率，但这是一个非常糟糕的模型。要查看类的分布，可以使用以下函数。

```
data['target_variable'].value_counts()
```

输出如图5.8所示。

```
0    298
1    142
Name: target_variable, dtype: int64
```
图 5.8　类分布

要处理不均衡数据集，可以使用以下方法。

（1）对记录数量较多的类进行欠采样。如果发生信用卡欺诈，可以随机抽取合法交易的样本，以获得与欺诈记录相等的记录。这将导致欺诈和合法两类的平等分配。

（2）对具有较少记录的类进行过度采样。如果发生信用卡欺诈，可以通过添加新数据点或复制现有数据点来引入欺诈交易的更多样本。这将导致欺诈和合法两类的平等分配。

（3）使用scale_pos_weight平衡正权重和负权重。可以使用此参数为具有较少数据点的类来分配更高的权重，从而人为地平衡类。该参数的值如图5.9所示。

$$\frac{Number\ of\ negative\ data\ points}{Number\ of\ positive\ data\ points}$$
图 5.9　值参数方程式

可以使用以下代码检查类的分布。

```
positive = sum(Y == 1)
negative = sum(Y == 0)
scale_pos_weight = negative/positive
```

（4）使用AUC或AUCPR进行评估。如前所述，AUC和AUCPR度量标准对不均衡数据集很敏感，与准确率不同，这为错误模型提供了很高的价值。该模型通常会预测多数类别。AUC只能用于二进制分类问题，它表示在预测值的不同阈值(0，0.01，0.02，…，1)下的真正率与假正率的关系，如图5.10所示。

$$TPR=\frac{True\ Positives}{True\ Positives + False\ Negatives}$$
$$FPR=\frac{False\ Positives}{False\ Positives + True\ Negatives}$$
图 5.10　TPR 和 FPR 方程

AUC的度量标准是绘制TPR和FPR后获得的曲线下面积。

当处理高度偏斜的数据集时，AUCPR可以提供更好的图像，因此首选AUCPR。AUCPR表示在不同阈值下准确率和召回率的关系，如图5.11所示。

$$Precision = \frac{True\ Positives}{True\ Positives + False\ Positives}$$

$$Recall = \frac{True\ Positives}{True\ Positives + False\ Negatives}$$

图5.11 准确率和召回率方程

根据经验，在处理不均衡类时，应使用AUC或AUCPR作为评估指标，因为它可以更清晰地显示模型。

注释：机器学习算法无法轻松地处理字符串或表示为字符串的分类变量，因此必须将它们转换为数字。

作业14：训练和预测一个人的收入

在此作业中，将尝试预测个人收入是否超过50000美元。所用数据集成人收入数据集（https://github.com/TrainingByPackt/Data-Science-with-Python/tree/master/Chapter05/data）来源于1994年的人口普查数据集（https://archive.ics.uci .edu / ml / datasets / adult），包含如收入、一个人的受教育程度及其职业等信息。现在假设以下情况：您在一家汽车公司工作，需要创建一个系统，公司的销售代表可以通过该系统确定将哪种汽车卖给哪类人。

下面来创建一个机器学习模型，该模型可以预测潜在买家的收入，从而为销售人员提供准确的信息以正确地销售汽车。

（1）使用Pandas加载收入数据集（adult-data.csv）。

（2）数据如图5.12所示。

	age	workclass	education-num	occupation	capital-gain	capital-loss	hours-per-week	income
32556	27	Private	12	Tech-support	0	0	38	<=50K
32557	40	Private	9	Machine-op-inspct	0	0	40	>50K
32558	58	Private	9	Adm-clerical	0	0	40	<=50K
32559	22	Private	9	Adm-clerical	0	0	20	<=50K
32560	52	Self-emp-inc	9	Exec-managerial	15024	0	40	>50K

图5.12 显示人口普查数据集的5个元素

（3）使用以下代码指定列名称。

```
data = pd.read_csv("../data/adult-data.csv", names=['age',
'workclass','education-num', 'occupation', 'capital-gain', 'capital-
loss','hoursper-week', 'income'])
```

（4）使用sklearn将所有类别变量从字符串转换为整数。

（5）使用XGBoost库执行预测，并执行参数调整，以将准确率提高到80%以上。

我们已经使用数据集成功地预测了收入，准确率约为83%

5.4 外部内存使用

当一个数据集特别大时，会导致其不能加载到内存，此时XGBoost库的外部内存特性就会起作用。这个特性可以在不加载整个数据集的情况下训练XGBoost模型。使用这个特性只需在文件名的末尾添加缓存前缀。

```
train = xgb.DMatrix('data / wholesale-data.dat.train # train.cache')
```

这个特性只支持libsvm文件，下面将加载数据集到Pandas中并转换为libsvm文件，以便与外部内存特性一起使用。

注意：根据数据集的大小，可能需要分批次执行这些操作。

```
from sklearn.datasets import dump_svmlight_file
dump_svmlight_file(X_train, Y_train, 'data/wholesale-data.dat.train', zero_
  based=True,multilabel=False)
```

这里，X_train和Y_train分别是预测变量与目标变量。libsvm文件将被保存到数据文件夹中。

5.5 交叉验证

交叉验证是一种帮助数据科学家利用看不见的数据评估其模型的技术。 当数据集不足以建立3个分割数据集（训练集、测试集和验证集）时，交叉验证将很有帮助。通过向模型提供同一数据的不同分区（数据），交叉验证有利于模型避免过度拟合。它的工作原理是为每次交叉验证过程提供不同的训练集和验证集。 最常用的是10倍交叉验证，该方法将数据集划分为10个完全不同的子集，并对每个子集进行训练，最后对指标取均值便得到模型预测的准确性，具体过程如图5.13所示。在每一轮交叉验证中，都将执行以下操作步骤。

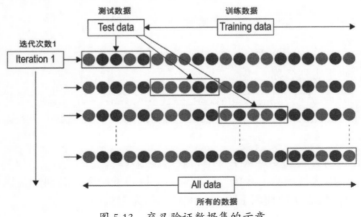

图 5.13 交叉验证数据集的示意

（1）重新整理数据集并将其分为k个不同的组（对于10倍交叉验证，$k = 10$）。

（2）在$k-1$组上训练模型并在一组上测试模型。

（3）评估模型并存储结果。

（4）对不同的组重复步骤（2）和步骤（3），直到所有k个组合都得到训练。

（5）最后在不同组合中生成指标的平均值。

XGBoost库具有一个内置的交叉验证函数。下面通过练习45来熟练使用它。

练习45：使用交叉验证找到最佳超参数

在本练习中，我们将在作业14的成人数据集中找到使用Python的XGBoost库计算的最佳超参数。为此，将利用XGBoost库中的交叉验证功能。

（1）加载作业14中的人口普查数据集，然后执行所有预处理操作步骤。

```
import pandas as pd
import numpy as np
data = pd.read_csv("../data/adult-data.csv", names=['age', 'workclass',
'fnlwgt', 'education-num', 'occupation', 'capital-gain', 'capital-loss',
'hours-per-week', 'income'])
```

使用sklearn中的标签编码器对字符串进行编码。首先，导入标签编码器（Label Encoder）；其次，对所有字符串分类列进行一次编码。

```
from sklearn.preprocessing import LabelEncoder
data['workclass']=LabelEncoder().fit_transform(data['workclass'])
data['occupation']=LabelEncoder().fit_transform(data['occupation'])
data['income']=LabelEncoder().fit_transform(data['income'])
```

（2）根据数据制作训练集和测试集，然后将数据转换为DMatrix。

```
import xgboost as xgb
x=data.copy()
x.drop("income", inplace=True, axis=1)
y=data.income
x_train, x_test=x[:int(x.shape[0]*0.8)].values, x[int(x.shape[0]*0.8):]
values
y_train, y_test=y[:int(y.shape[0]*0.8)].values, y[int(y.shape[0]*0.8):]
values
train=xgb.DMatrix(x_train, label=y_train)
test=xgb.DMatrix(x_test, label=y_test)
```

（3）不使用train()函数，而使用以下代码对数据集进行10倍交叉验证，并将结果存储在model_metrics数据框中。for循环遍历不同的树深度，找到数据集的最佳值。

```
test_error={}
for i in range(20):
```

```
param = {'max_depth':i, 'eta':0.1, 'silent':1, 'objective':'binary:hinge'}
num_round = 50
model_metrics=xgb.cv(param, train, num_round, nfold = 10)
test_error[i] = model_metrics.iloc[-1]['test-error-mean']
```

（4）利用Matplotlib绘图库对结果进行可视化显示，如图5.14所示。

```
import matplotlib.pyplot as plt
plt.scatter(test_error.keys(), test_error.values())
plt.xlabel('Max Depth')
plt.ylabel('Test Error')
plt.show()
```

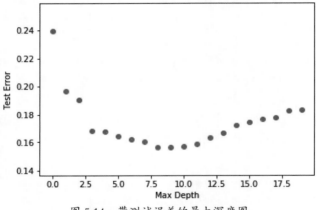

图 5.14 带测试误差的最大深度图

从图5.14可以看出，最大深度为9.0时，测试误差最小，此时数据集计算效果最优。

（5）找到最佳学习率，代码如下。运行这段代码将花费一些时间，因为它会遍历大量的学习率，每次迭代进行500次训练。

```
for i in range(1,100,5):
    param = {'max_depth':9, 'eta':0.001*i, 'silent':1,'objective':'binary:hinge'}
    num_round = 500
    model_metrics = xgb.cv(param, train, num_round, nfold = 10)
    test_error[i] = model_metrics.iloc[-1]['test-error-mean']
```

（6）可视化显示结果如图5.15所示。

```
lr = [0.001*(i) for i in test_error.keys()]
plt.scatter(temp, test_error.values())
plt.xlabel('Learning Rate')
plt.ylabel('Error')
plt.show()
```

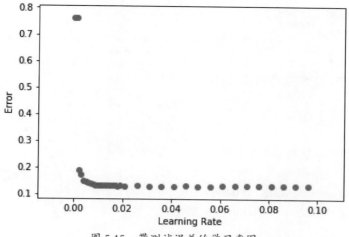

图 5.15　带测试误差的学习率图

从图 5.15 可以看出，学习率大约为 0.01 时误差最小，因此该学习率对模型最实用。

（7）当学习率取 0.01 时，对每一轮的训练和测试错误进行可视化显示，如图 5.16 所示。

```
param = {'max_depth':9, 'eta':0.01, 'silent':1, 'objective':'binary:hinge'}
num_round = 500
model_metrics = xgb.cv(param, train, num_round, nfold = 10)

plt.scatter(range(500), model_metrics['test-error-mean'], s = 0.7, label = 'Test Error')
plt.scatter(range(500), model_metrics['train-error-mean'], s = 0.7, label = 'Train Error')
plt.legend()
plt.show()
```

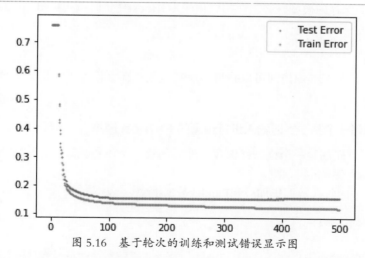

图 5.16　基于轮次的训练和测试错误显示图

注释：从图 5.16 可以看出，最小误差出现在临近第 490 次迭代训练处，这意味着在临近第 490 次迭代训练时，模型运行效果最好。创建此曲线有助于构建更准确的模型。

使用以下代码查验最小误差。

```
list(model_metrics['test-error-mean']).index(min(model_metrics['test-error-mean']))
```

（8）结果输出如图5.17所示，了解最小误差。

492

图 5.17　最小误差

注释：最适合此数据集的模型参数如下。

最大深度（Max Depth）= 9.0。

学习率（Learning Rate）= 0.01。

迭代次数（Number of Rounds）= 496。

5.6　保存和加载模型

学习结构化数据的最后一部分（学习内容）是保存和加载已经训练好与调整好超参数的模型。每次需要进行预测时，训练新模型将花费大量时间，因此对于数据科学家来说能够保存训练过的模型至关重要。保存的模型能够再生（预测）结果、创建运用机器学习模型的应用和服务。具体操作步骤如下。

（1）要保存XGBoost模型，需要调用save_model()函数。

```
model.save_model('wholesale-model.model')
```

（2）要加载以前保存的模型，必须在初始化的XGBoost变量时调用load_model()函数。

```
loaded_model = xgb.Booster({'nthread': 2})
loaded_model.load_model('wholesale-model.model')
```

注释：如果允许XGBoost访问可以获得的所有线程，那么模型进行训练或预测时计算机的运行可能会变慢。

练习 46：创建一个基于实时输入进行预测的 Python 脚本

在本练习中，首先创建一个模型并保存，然后创建一个Python脚本，该脚本将使用这个保存的模型对用户输入的数据进行预测。

（1）把作业14中的收入数据集加载到Pandas数据框中。

```
import pandas as pd
import numpy as np
data = pd.read_csv("../data/adult-data.csv", names=['age;, 'workclass', education-num', 'occupation', 'capital-gain', 'capital-loss', 'hours-per-week', 'income'])
```

（2）去除所有尾随空格。

```
data[['workclass', 'occupation', 'income']] = data[['workclass', 'occupation',
'income']].apply(lambda x: x.str.strip())
```

（3）使用Scikit-Learn库将所有类别变量从字符型转换为整数型。

```
from sklearn.preprocessing import LabelEncoder
from collections import defaultdict
label_dict = defaultdict(LabelEncoder)
data[['workclass', 'occupation', 'income']] = data[['workclass', 'occupation',
'income']].apply(lambda x: label_dict[x.name].fit_transform(x))
```

（4）将标签编码器保存在pickle文件中以备今后需要时使用，pickle文件用于存储Python对象。

```
import pickle
with open('income_labels.pkl', 'wb') as f:
          pickle.dump(label_dict, f, pickle.HIGHEST_PROTOCOL)
```

（5）将数据集分为训练集和测试集，然后创建模型。

（6）将模型保存到文件中。

```
model.save_model('income-model.model')
```

（7）在一个Python脚本中加载模型和标签编码器。

```
import xgboost as xgb
loaded_model = xgb.Booster({'nthread'"8})
loaded_model.load_model('income-model.model')
def load_obj(file):
    with open(file + '.pkl', 'rb') as f:
        return pickle.load(f)
label_dict = load_obj('income_labels')
```

（8）读取用户的输入。

```
age = input("Please enter age:')
workclass = input("Please enter workclass:")
education_num = input("Please enter education_num:")
occupation = input("Please enter occupation:")
capital_gain = input("Please enter capital_gain:")
capital_loss = input("Please enter capital_loss:")
hours_per_week = input("Please enter hours_per_week:")
```

（9）创建一个数据框来存储用户输入的数据。

```
data_list = [age, workclass, education_num, occupation, capital_gain, capital_
loss, hours_per_week]
```

```
data = pd.DataFrame([data_list])
data.columns = ['age', 'workclass', 'education-num', 'occupation', 'capital-
gain', 'capital-loss', 'hours-per-week']
```

（10）预处理数据。

```
data[['workclass', 'occupation']] = data[['workclass', 'occupation']].apply(lambda
x: label_dict[x.name].transform(x))
```

（11）将数据转换为DMatrix并使用该模型进行预测。

```
data = data.astype(int)
data_xgb = xgb.DMatrix(data)
pred = loaded_model.predict(data_xgb)
```

（12）执行逆变换，获得结果。

```
income = label_dict['income].inverse_transform([int(pred[0])])
```

结果输出如图5.18所示。

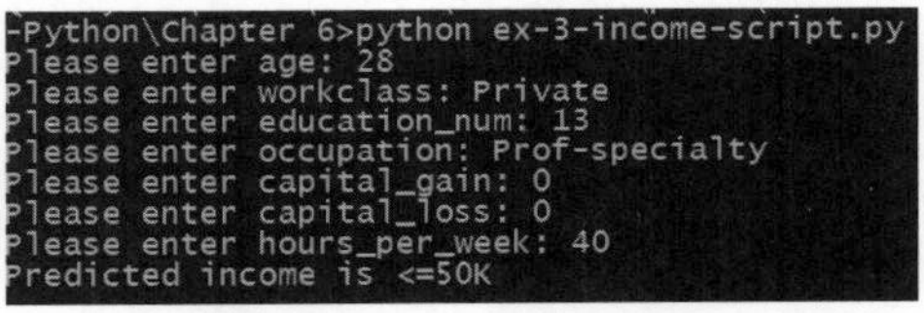

图 5.18　逆变换输出

注释： 要确保输入的workclass和occupation的值出现在训练数据中，否则脚本会引发错误。当标签编码器遇到以前从未见过的新值时，会发生此错误。

恭喜你，构建了一个使用用户输入数据进行预测的脚本。现在，你将可以在任何需要的地方部署自己的模型。

作业 15：预测流失的客户

在本作业中，要预测客户是否将流向另一家电信供应商。数据来自IBM样本数据集。假设一个这样的场景：你在一家电信公司工作，而且最近许多用户已开始流向其他供应商，现在，为了对可能流失的客户实施价格优惠，你需要提前预测出哪位客户最有可能流失。为此，你需要创建一个机器学习模型来预测哪些客户会流失。

（1）利用Pandas加载电信客户流失数据集telco-churn.csv（https://github.com/TrainingByPackt/Data-Science-with-Python/tree/master/Chapter05/data）。该数据集包含电信供应商的客户信息。数据集的原始来源位于https://www.ibm.com/communities/analytics/watson-analytics-blog/predictive-insights-in-the-telco-customer-churn-data-set/。该数据集包含多个字段，如费用、使用期限和流量信息以及一个表明客户是否会流失的变量等。其前几行观测数据如图5.19所示。

（2）删除不必要的变量。

（3）将所有类别变量从字符型转换为整数型，可以使用以下代码。

```
data.TotalCharges = pd.to_numeric(data.TotalCharges,errors='coerce')
```

（4）修复用Pandas加载时出现的数据类型不匹配问题。

（5）使用XGBoost库进行预测，并使用交叉验证进行参数调整，令模型预测准确率提高到80%以上。

（6）保存模型以备将来使用。

	customerID	gender	SeniorCitizen	Partner	Dependents	tenure	PhoneService	MultipleLines	InternetService	OnlineSecurity	...	DeviceProtection	TechSup
0	7590-VHVEG	Female	0	Yes	No	1	No	No phone service	DSL	No	...	No	
1	5575-GNVDE	Male	0	No	No	34	Yes	No	DSL	Yes	...	Yes	
2	3668-QPYBK	Male	0	No	No	2	Yes	No	DSL	Yes	...	No	
3	7795-CFOCW	Male	0	No	No	45	No	No phone service	DSL	Yes	...	Yes	
4	9237-HQITU	Female	0	No	No	2	Yes	No	Fiber optic	No	...	No	

图 5.19　电信用户流失数据集的前 5 个元素

5.7　神经网络

神经网络是数据科学家应用的最流行的机器学习算法之一。在寻求图像或数字媒体问题的解决方案时，神经网络一直优于传统的机器学习算法。如果有足够的数据量，在结构化数据问题方面，神经网络的性能也优于传统的机器学习算法。具有两层以上的神经网络称为深度神经网络，使用这些"深度"网络求解问题的过程定义为深度学习。两种主要的处理非结构化数据的神经网络类型为卷积神经网络（CNN），用于处理图像；递归神经网络（RNN），用于处理时间序列和自然语言数据。本节主要学习普通神经网络是如何工作的，以及神经网络的不同部分。

1. 神经网络简介

神经网络的基本单位是神经元。神经网络的灵感来源于生物大脑，这也是神经元这个名词的由来。神经网络中的所有连接，如同大脑中的突触，都能将信息从一个神经元传递到另一个神经元。在神经网络中，聚合加权组合后输入信号，然后输出信号，经过一个函数处理后继续向前传输。这个函数是一个非线性激活函数，是神经元的激活阈值。这些多层的相互连接的神经元构成了一个神经网络。只有神经网络的非输出层才包含偏置单元。与每个神经元相关的权值以及这些偏差影响整个网络的输出。因此，为了与数据更加匹配，需要在训练过程中修正这些参数。单层神经网络结构如图 5.20 所示。

图 5.20 中，神经网络第一层的节点数等于数据集中自变量个数，因此，该层称为输入层，其后是隐藏层，

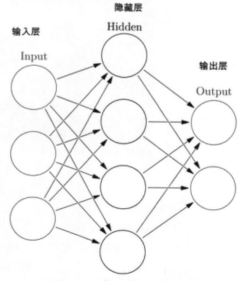

图 5.20　单层神经网络结构

最后是输出层。输入层的每个神经元接收数据集的一个独立变量，输出层输出最终预测。如果是回归问题，则输出可以是连续型的数据（如0.2、0.6、0.8）；如果是分类问题，则输出可以是分类型的数据（如2、4、5）。训练神经网络会修正网络的权重和偏差，最大限度地减少误差，其中误差是指预期值与输出值之间的差值。将权重乘以神经元的输入，再将偏差值添加到这些权重的组合中就得到输出，如图5.21所示。

$$y = f\left(\sum w_i x_i + b\right)$$

图 5.21　神经元输出

式中，y是神经元的输出；x是输入；w和b分别是权重和偏差；f是激活函数，将在后面详细介绍激活函数。

2. 优化算法

为了最小化模型的误差，使用优化算法训练神经网络使预定义的损失函数最小化。优化算法有很多，可以根据数据和模型任意选择。对于本书的大多数应用，将使用随机梯度下降法（SGD），该算法在大多数情况下效果良好，其他优化算法会在需要时进行介绍。SGD的工作原理是通过迭代找出梯度，即权重相对于误差的变化，用数学术语来说，即是输入的偏导数。梯度有助于最小化给定函数，在这种情况下称为损失函数。随着越来越接近最优解，梯度的幅度会减小，因此可以防止无法找到优化最优解。

最直观地理解SGD的方法是向山谷底部下移的行为，如图5.22所示。最初，我们沿着陡峭的坡度下降，当我们接近底部时，坡度减小，在谷底时，不存在坡度，就是最优解。

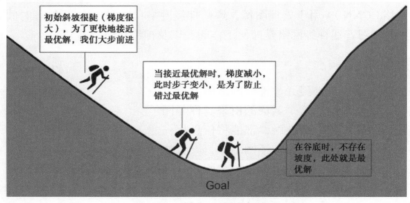

图 5.22　梯度下降的直观图

3. 超参数

决定训练模型所需时间的一个重要指标就是学习率，它实质上是操作下降时步长的大小。步长取值太小的话，模型将需要很长时间才能获得最优解；步长取值太大的话，则会错失最优解。为了避免这种情况，一开始用较大的学习率，经过几步后减小学习率，这可以帮助我们更快地获得最优解，并且由于步长的减小可以防止模型过度求解。

要获取一个初始点，就需要对神经网络的权重进行初始化，然后从此初始点开始修正权重，最大限度地减少误差。初始化在避免梯度消失问题和梯度爆炸问题中起着重要作用。

梯度消失问题是指每一层逐步下降梯度乘以任意小于1的数会变得更小，因此经过多层（训练）后，该值变为0。

梯度爆炸问题是指当较大的误差梯度累加起来后导致模型大步长更小。如果模型损失函数取值为空（NaN），那么问题就出现了。

可以使用Xavier来初始化权重，因为该方法在初始化权重时会考虑网络的规模。Xavier初始化法初始化权重从以0为中心、标准差（见图5.23）为结尾的正态分布中提取。

$$\sqrt{\frac{2}{x_i + y_i}}$$

图 5.23　Xavier 初始化法用到的标准差

式中，x_i是该层输入神经元的数量；y_i是该层输出神经元的数量。该初始化方法可以确保即使网络中的层数很多，输入层和输出层的方差仍然保持一致。

4. 损失函数

另一个重要的超参数就是损失函数，可以根据问题的类型，如分类问题或回归问题，选用不同的损失函数。对于分类问题，可以使用如交叉熵和铰链等损失函数。对于回归问题，可以使用如均方误差、平均绝对误差（MAE）和Huber等损失函数。不同的函数适用于不同的数据集，如果要使用损失函数，可以逐个尝试这些损失函数。

5. 激活函数

当构建神经网络层时，需要定义一个激活函数，该函数取决于该层是隐藏层还是输出层。如果是隐藏层，将使用ReLU或tanh激活函数。激活函数有助于神经网络建立非线性函数模型。现实生活中几乎不存在可以用线性模型描述的场景。除此之外，目前不同激活函数具有不同的特性。tanh激活函数的输出集中在0周围，这个特性有利于模型学习。从另一方面来说，ReLU激活函数可以避免出现梯度消失问题且计算效率高。ReLU激活函数示意图如图5.24所示。

Softmax激活函数输出为概率，并多在处理多类别分类问题时使用，而Sigmoid激活函数输出的值介于0～1之间，仅用于二进制分类问题。线性激活函数主要用于回归问题的建模。Sigmoid激活函数示意图如图5.25所示。

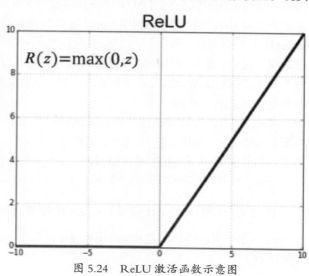

图 5.24　ReLU 激活函数示意图

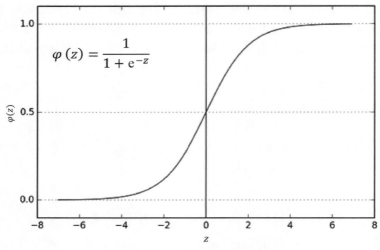

$$\varphi(z) = \frac{1}{1 + e^{-z}}$$

图 5.25　Sigmoid 激活函数示意图

本节介绍了很多新内容，如果您感到困惑，不要担心，在接下来的各章中我们会实际应用到这些概念，有利于强化对所有内容的理解。

5.8　Keras 库

1. Keras 简介

Keras是一个基于Python语言开发的开源高级神经网络API，可以在TensorFlow、Microsoft Cognitive Toolkit（CNTK）和Theano上运行。Keras的开发旨在可以快速进行实验，进而有助于快速开发应用程序。通过使用Keras，可以快速将创意付诸实践。由于有开源社区的大力支持，Keras几乎支持所有与神经网络有关的最新数据科学模型。它包含常用构建块的多种工具，如层、批处理规范化、退出、目标函数、激活函数和优化器等。此外，Keras允许用户为智能手机（Android系统和iOS系统）、Web或Java虚拟机（JVM）创建模型。通过使用Keras，无须更改代码就可以在GPU上训练自己的模型。

考虑到Keras所具有的这些特性，数据科学家必须学习如何使用该库中所有不同方面的功能。熟练掌握Keras的使用方法对成为数据科学家大有裨益。为了演示Keras的强大功能，下面将对其进行安装并创建一个单层神经网络模型。

注释： 想要了解更多有关Keras的信息，可以参见网址https://keras.io/。

练习 47：为 Python 安装 Keras 库并使用它执行分类

在本练习中，将使用Python的Keras库对批发客户数据集（该数据集在练习44中使用过）进行分类分析。

（1）在虚拟环境中运行以下代码安装Keras。

```
pip3 install keras
```

（2）在虚拟环境中打开Jupyter笔记本。

（3）导入Keras和其他所需的库。

```
import pandas as pd
from keras.models import Sequential
from keras.layers import Dense
import numpy as np
from sklearn.metrics import accuracy_score
```

（4）使用Pandas读取批发客户数据集，并通过以下代码检查该数据集是否加载成功。

```
data = pd.read_csv("data/wholesale-data.csv"
data.head()
```

结果输出如图5.26所示。

Out[7]:

	Channel	Region	Fresh	Milk	Grocery	Frozen	Detergents_Paper	Delicassen
0	2	3	12669	9656	7561	214	2674	1338
1	2	3	7057	9810	9568	1762	3293	1776
2	2	3	6353	8808	7684	2405	3516	7844
3	1	3	13265	1196	4221	6404	507	1788
4	2	3	22615	5410	7198	3915	1777	5185

图 5.26　批发客户数据集的前 5 个元素

（5）将数据拆分为特征集和标签集。

```
x = data.copy()
x.drop("Channel", inplace = True, axis = 1)
y = data.Channel
```

（6）创建训练集和测试集。

```
x_train, x_test = x[:int(x.shape[0]*0.8)].values, x[int(x.shape[0]*0.8):].values
y_train, y_test = y[:int(y.shape[0]*0.8)].values, y[int(y.shape[0]*0.8):].values
```

（7）创建神经网络模型。

```
model = Sequential()
model.add(Dense(units=8, activation='relu', input_dim=7))
model.add(Dense(units=16, activation='relu'))
model.add(Dense(units=1, activation='sigmoid'))
```

此时，创建了一个4层网络（模型），包括一个输入层、两个隐藏层以及一个输出层。隐藏层具有ReLU激活函数，输出层具有Softmax激活函数。

（8）编译并训练模型。应用二进制交叉熵损失函数训练模型，使用的优化器是随机梯度下降的。

进行5个轮次的全样本训练学习，每轮次训练批处理大小为8。

```
model.compile(loss='binary_crossentropy', optimizer='sgd', metrics=['accuracy'])
model.fit(x_train, y_train, epochs=5, batch_size=8)
```

注释：模型训练日志如图5.27所示。Epoch是指训练迭代次数，而352等于数据集的大小除以批处理大小。在进度条之后显示的是一次迭代花费的时间、训练每个批次所需的平均时间、模型的损失值（这里使用二进制交叉熵损失）、迭代后的（求解）精确度等。

```
Epoch 1/5
352/352 [==============================] - 1s 4ms/step - loss: -5.6614 - acc: 0.6449
Epoch 2/5
352/352 [==============================] - 0s 233us/step - loss: -5.6614 - acc: 0.6449
Epoch 3/5
352/352 [==============================] - 0s 221us/step - loss: -5.6614 - acc: 0.6449
Epoch 4/5
352/352 [==============================] - 0s 213us/step - loss: -5.6614 - acc: 0.6449
Epoch 5/5
352/352 [==============================] - 0s 216us/step - loss: -5.6614 - acc: 0.6449
```

图 5.27　模型训练日志

（9）预测测试集的值。

```
preds = model.predict(x_test, batch_size=128)
```

（10）获得模型的精确度。

```
accuracy = accuracy_score(y_test, preds.astype(int))
print("Accuracy:%.2f%%" %(accuracy * 100.0))
```

结果输出如图5.28所示。

Accuracy: 80.68%

图 5.28　输出精确度

此时，已经建立了第一个精确度为81%的神经网络模型，而且无须进行任何微调。可以注意到，与XGBoost相比，此模型精确度非常低，主要是因为数据量规模太小。神经网络模型要真正发挥作用，必须在庞大的数据集上进行训练；否则，它只是在拟合数据。

2. 模块化

Keras库可以实现模块化。所有初始化器、成本函数、优化器、层、正则化器和激活函数都是独立化模块，可用于任何类型的数据和网络结构。而在Keras中几乎可以运行所有最新的函数。Keras库这样可以重复使用代码，并进行快速实验。作为一个数据科学家，是不会受到内置模块限制的；创建自定义的模块且与其他内置模块一起使用也非常容易。该操作有助于进行相关研究工作和求解不同的案例。例如，编写一个自定义损失函数，实现所售汽车数量的最大化，为利润率更高的汽车赋予更大权重，从而带来更高的利润。

Keras库中定义了创建神经网络所需的所有不同类型的层，在使用时，将对其进行深入研究。在Keras库中创建神经模型的方法主要有两种：顺序模型和功能API。

（1）顺序模型由一组线性的层堆栈组成。这是用Keras库创建神经网络模型最简单的方法。该模型的代码片段如下。

```
model = Sequential()
model.add(Dense(128, input_dim=784))
model.add(Activation('relu'))
model.add(Dense(10))
model.add(Activation('softmax'))
```

（2）功能API是一种建立复杂模型的方法。由于顺序模型的线性特性，因此无法创建复杂的模型，功能API可创建模型的多个部分，然后将它们合并在一起。用功能API方法构建同样的模型，代码如下。

```
inputs = Input(shape=(784,))
x = Dense(128, activation='relu')(inputs)
prediction = Dense(10, activation='softmax')(x)
model = Model(inputs=inputs, outputs=prediction)
```

3. 回调

Keras库的一个强大功能就是回调。回调功能可以在训练的任何阶段调用函数。事实证明，该功能在获取统计信息以及在不同阶段保存模型方面都可以发挥作用。它可以自定义衰减控制学习率，也可以提前终止训练。

```
filepath="model-weights-{epoch:02d}-{val_loss:.2f}.hdf5"
model_ckpt = ModelCheckpoint(filepath, monitor='val_loss', verbose=1, save_
best_only = True, mode='auto')
callbacks = [model_ckpt]
```

要在Keras库上保存训练模型，须应用下面这行代码。

```
model.save('Path to model')
```

要从一个文件加载模型，使用以下代码。

```
keras.models.load_model('Path to model')
```

提前停止（训练）是一项很有用的功能，可以利用回调来实现。在训练模型时，提前停止可以节省训练时间。如果特定指标的变化小于设置的阈值，训练进程将停止。代码如下。

```
EarlyStopping(monitor='val_loss', min_delta=0.01, patience=5, verbose=1, mode='auto')
```

如果5轮训练中的验证损失变化小于0.01，则上述的回调将停止训练。

注释： 务必记得要用ModelCheckpoint存储模型状态。对于较大的数据集和较大的网络来说，这个尤其重要。

练习 48：使用神经网络预测鳄梨价格

本练习将运用本节中学到的内容建立一个高效的神经网络模型，可以预测各种鳄梨价格。数据集（https://github.com/TrainingByPackt/Data-Science-with-Python/tree/master/Chapter05/data）包含诸如产品平均价格、产品产量、鳄梨产地信息，以及所用的袋子规格等。该数据集还有一些其他可能对模型有所帮助的未知变量。

注释： 原始（数据）来源网站为www.hassavocadoboard.com/retail/volume-and-price-data。

（1）导入鳄梨数据集并查看各列（信息），如图5.29所示。

```
import pandas as pd
import numpy as np
data = pd.read_csv('data/avocado.csv')
data.T
```

	0	1	2	3	4	5	6	7
Unnamed: 0	0	1	2	3	4	5	6	7
Date	27-12-2015	20-12-2015	13-12-2015	06-12-2015	29-11-2015	22-11-2015	15-11-2015	08-11-2015
AveragePrice	1.33	1.35	0.93	1.08	1.28	1.26	0.99	0.98
Total Volume	64236.6	54877	118220	78992.1	51039.6	55979.8	83453.8	109428
4046	1036.74	674.28	794.7	1132	941.48	1184.27	1368.92	703.75
4225	54454.8	44638.8	109150	71976.4	43838.4	48068	73672.7	101815
4770	48.16	58.33	130.5	72.58	75.78	43.61	93.26	80
Total Bags	8696.87	9505.56	8145.35	5811.16	6183.95	6683.91	8318.86	6829.22
Small Bags	8603.62	9408.07	8042.21	5677.4	5986.26	6556.47	8196.81	6266.85
Large Bags	93.25	97.49	103.14	133.76	197.69	127.44	122.05	562.37
XLarge Bags	0	0	0	0	0	0	0	0
type	conventional	conventional	conventional	conventional	conventional	conventional	conventional	conventional
year	2015	2015	2015	2015	2015	2015	2015	2015
region	Albany	Albany	Albany	Albany	Albany	Albany	Albany	Albany

图 5.29 鳄梨数据集

（2）浏览数据，将日期列按天和月拆分，这有助于在忽略年份（信息）的同时把握季节性（特征）。然后，删除日期列和未命名的列。

```
data['Day'], data['Month']=data.Data.str[:2], data.Date.str[3:5]
data = data.drop(['Unnamed:0', Data], axis = 1)
```

（3）使用LabelEncoder对分类变量进行编码，便于Keras库训练模型。

```
from sklearn.preprocessing import LabelEncoder
from collections import defaultdict
label_dict = defaultdict(LabelEncoder)
data[['region', 'type', 'Day', 'Month', 'year']] = data[['region', 'type', 'Day',
        'Month', 'year']].apply(lambda x: label_dict[x.name].fit_transform(x))
```

（4）将数据分为训练集和测试集。

```
from sklearn.model_selection import train_test_split
x = data
y = x.pop('AveragePrice')
x_train, x_test, y_train, y_test = train_test_split(x, y, test_size=0.3,
random_state=9
```

（5）每当损失值有所改善时，使用回调函数保存该模型；若模型开始表现不佳，使用回调函数提前停止模型（训练）。

```
from keras.callbacks import ModelCheckpoint, EarlyStopping
filepath="avocado-{epoch:02d}-{val_loss:.2f}.hdf5"
model_ckpt = ModelCheckpoint(filepath, monitor='val_loss', verbose=1, save_
best_only=True, mode='auto')
es = EarlyStopping(monitor='val_loss', min_delta=1, patience=5, verbose=1)
callbacks = [model_ckpt, es]
```

（6）创建一个神经网络模型。这里使用与之前相同的模型。

```
from keras.models import Sequential
from keras.layers import Dense
model = Sequential()
model.add(Dense(units=16, activation='relu', input_dim=13))
model.add(Dense(units=8, activation='relu'))
model.add(Dense(units=1, activation='linear'))
model.compile(loss='mse', optimizer='adam')
```

（7）训练模型和评估模型以获得模型的均方误差（MSE）。

```
model.fit(x_train, y_train, validation_data = (x_test, y_test), epochs=40,
batch_size=32)
model.evaluate(x_test, y_test)
```

（8）最终输出如图5.30所示。

```
5475/5475 [==============================] - 0s 26us/step

11.995191503812189
```

图 5.30　模型的均方误差（MSE）

此时，针对鳄梨数据集，经过训练后的神经网络具有一个更合理的误差。图5.30显示的值是模型的均方误差。可以修改某些超参数以及使用其余数据，验证是否可以获得更优的误差评分。

注释：均方误差（MSE）的降低是好事，其最优解依场景而定。例如，在预测汽车速度时，均方误差小于100是理想值，而在预测一个国家的GDP时，均方误差取1000即可。

5.9 分类变量

分类变量是其值可以表示为不同类别的变量，例如，球的颜色、狗的品种和邮政编码等。将这些分类变量映射到一个维度中会导致彼此之间的某种依赖，这是不正确的。即使这些分类变量没有顺序或依存关系，将它们作为单个特征输入神经网络也会使神经网络根据顺序在这些变量之间建立依存关系，而实际上，顺序并不代表任何意义。在本节中，将学习解决此问题和训练有效模型的方法。

1. One-Hot 编码

One-Hot编码是最简单、应用最广泛的映射分类变量方法，使用此方法，可以将分类特征转换为与特征中类别数相等的特征，如图5.31所示。

Gender		Male	Female
Male		1	0
Female	→	0	1
Male		1	0

图 5.31　分类特征转换

基于以下步骤，将分类变量转换为One-Hot编码的变量。

（1）如果将数据表示为非整型（int）的其他数据类型，则将其转换为数字。

（2）可以直接使用sklearn中的LabelEncoder方法。

（3）建立分组以减少类型的数量。类型数越多，模型难度就越大，可以选择一个整数表示每个分组，但这样做可能会导致信息丢失，并可能损坏模型。可按照以下规则对直方图进行分组。

① 如果类别数小于25，则（直方图）使用5个分组。

② 如果类别数介于25 ～ 100之间，则（直方图）使用$n/5$个分组，其中n是分类列的数量。

③ 如果类别数大于100，则（直方图）使用$10\log(n)$个分组。

注释： 可以将频率小于5%的类别合并为一个类别。

（4）使用Pandas的get_dummies()函数将步骤（1）中的数值数组转换为One-Hot向量，如图5.32所示。

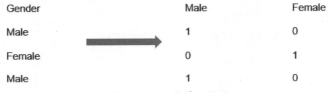

```
pd.get_dummies(data,columns=['type'])
```

Date	AveragePrice	Total Volume	4046	4225	4770	Total Bags	Small Bags	Large Bags	XLarge Bags	year	region	type_conventional	type_organic
-2015	1.33	64236.62	1036.74	54454.85	48.16	8696.87	8603.62	93.25	0.00	2015	Albany	1	0
-2015	1.35	54876.98	674.28	44638.81	58.33	9505.56	9408.07	97.49	0.00	2015	Albany	1	0
-2015	0.93	118220.22	794.70	109149.67	130.50	8145.35	8042.21	103.14	0.00	2015	Albany	1	0
-2015	1.08	78992.15	1132.00	71976.41	72.58	5811.16	5677.40	133.76	0.00	2015	Albany	1	0
-2015	1.28	51039.60	941.48	43838.39	75.78	6183.95	5986.26	197.69	0.00	2015	Albany	1	0

图 5.32　get_dummies() 函数的输出

One-Hot编码并不是处理分类数据的最佳方式，主要原因有两个。

（1）假设值不同的类别变量彼此完全独立，这会导致它们之间的关联信息丢失。

（2）分类变量带有许多类别时，会导致模型计算量增大。由于数据集庞大，需要采集更多的数据点创建模型才有意义，这就会出现所谓的维数灾难。

为了解决这些问题，可以使用实体嵌入法（处理此类数据）。

2. 实体嵌入

实体嵌入是在多维空间中表现分类特征。该方法可以确保网络学习一个特征的不同分类之间的正确关系。这个多维空间的维度并不表示任何特定的东西，它可以是任何模型认定适合学习的东西。以一周的某几天为例，一个维度可以说明该日期是否为工作日，而另一个维度可以说明该日期与工作日的距离。该方法的灵感来自单词嵌入，其中单词嵌入在自然语言处理中用于学习单词和短语之间的语义相似性。通过创建嵌入可以教会神经网络学习星期五与星期三有什么不同，或者小狗狗和狗有何不同。例如，一周中某几天的四维嵌入矩阵如图5.33所示。

Thursday	[0.1, 0.2, 0.8, 0.95]
Friday	[0.1, 0.7, 0.2, 0.76]
Saturday	[0.8, 0.8, 0.1, 0.52]
Sunday	[0.7, 0.7, 0.2, 0.55]

图 5.33 四维嵌入矩阵

通过图5.33所示的矩阵，可以了解到嵌入学习类别之间的依赖关系：星期六和星期日比星期四和星期五更相似，因为星期六和星期日的向量类似。当数据集中分类变量很多时，实体嵌入具有很大优势。要在Keras库中创建实体嵌入，可以使用嵌入层。

注释：单词嵌入会产生很好的效果，建议多应用。

练习 49：基于实体嵌入预测鳄梨价格

本练习将运用实体嵌入知识建立一个预测鳄梨价格效果更好的神经网络模型，将使用之前的鳄梨数据集。

（1）导入鳄梨数据集并检查空值情况，并将日期列拆分为月列和日列。

```
import pandas as pd
import numpy as np
data = pd.read_csv('data/avocado.csv')
data['Day'], data['Month'] = data.Date.str[:2], data.Date.str[3:5]
data = data.drop(['Unnamed: 0', 'Date'], axis = 1)
data = data.dropna()
```

（2）编码分类变量。

```
from sklearn.preprocessing import LabelEncoder
from collections import defaultdict
label_dict = defaultdict(LabelEncoder)
```

```
data[['region', 'type', 'Day', 'Month', 'year']] = data[['region','type', 'Day',
       'Month', 'year']].apply(lambda x: label_dict[x.name].fit_transform(x))
```

（3）将数据拆分为训练集和测试集。

```
from sklearn.model_selection import train_test_split
X = data
y = X.pop('AveragePrice')
X_train, X_test, y_train, y_test = train_test_split(X, y, test_size=0.3, random_state=9)
```

（4）创建一个字典，将分类列名称映射到其中一个唯一值。

```
cat_cols_dict = {col: list(data[col].unique()) for col in ['region','type',
                 'Day', 'Month', 'year'] }
```

（5）按照嵌入神经网络接受的格式要求输入数据。

```
train_input_list = []
test_input_list = []
for col in cat_cols_dict.keys():
    raw_values = np.unique(data[col])
    value_map = {}
    for i in range(len(raw_values)):
        value_map[raw_values[i]] = i
            train_input_list.append(X_train[col].map(value_map).values)
            test_input_list.append(X_test[col].map(value_map).fillna(0).values)
other_cols = [col for col in data.columns if (not col in cat_cols_dict.keys())]
train_input_list.append(X_train[other_cols].values)
test_input_list.append(X_test[other_cols].values)
```

上面代码创建了一个包含所有变量的数组列表。

（6）创建一个字典用于存储嵌入层的输出尺寸。变量将会用这个值的大小表示。必须反复尝试才能找到正确的数字。

```
cols_out_dict = {
    'region': 12,
    'type': 1,
    'Day': 10,
    'Month': 3,
    'year': 1
}
```

（7）为分类变量创建嵌入层。在循环的每次迭代中，为分类变量创建一个嵌入层。

```
from keras.models import Model
from keras.layers import Input, Dense, Concatenate, Reshape, Dropout
from keras.layers.embeddings import Embedding
```

```
inputs = []
embeddings = []
for col in cat_cols_dict.keys():
    inp = Input(shape=(1,), name = 'input_' + col)
    embedding = Embedding(cat_cols_dict[col], cols_out_dict[col], input_
length=1, name = 'embedding_' + col)(inp)
    embedding = Reshape(target_shape=(cols_out_dict[col],))(embedding)
    inputs.append(inp)
    embeddings.append(embedding)
```

（8）现在，将连续变量添加到网络中并建立模型。

```
input_numeric = Input(shape=(8,))
embedding_numeric = Dense(16)(input_numeric)
inputs.append(input_numeric)
embeddings.append(embedding_numeric)
x = Concatenate()(embeddings)
x = Dense(16, activation='relu')(x)
x = Dense(4, activation='relu')(x)
output = Dense(1, activation='linear')(x)
model = Model(inputs, output)
model.compile(loss='mse', optimizer='adam')
```

（9）使用train_input_list训练步骤（5）中为50个批次创建的模型。

```
model.fit(train_input_list, y_train, validation_data = (test_input_list,y_
test), epochs=50, batch_size=32)
```

（10）从嵌入层获取权值就可以对嵌入结果进行可视化显示。

```
embedding_region = model.get_layer('embedding_region').get_weights()[0]
```

（11）进行主成分分析（PCA）并绘制输出结果，显示地区标注（通过对之前创建的字典执行逆变换可以获得地区标注）。通过将维数降至二维，PCA显示出相似的数据点位置更加接近。在这里，仅绘制前25个地区的图，如图5.34所示。可以根据需要绘制所有地区标注的图。

```
import matplotlib.pyplot as plt
from sklearn.decomposition import PCA
pca = PCA(n_components=2)
Y = pca.fit_transform(embedding_region[:25])
plt.figure(figsize=(8,8))
plt.scatter(-Y[:, 0], -Y[:, 1])
for i, txt in enumerate((label_dict['region'].inverse_transform(cat_cols_
dict['region'])))[:25]):
    plt.annotate(txt, (-Y[i, 0],-Y[i, 1]), xytext = (-20, 8), textcoords ='offset points')
plt.show()
```

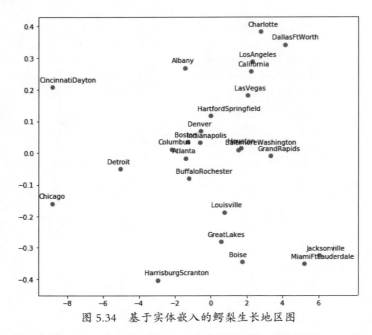

图 5.34　基于实体嵌入的鳄梨生长地区图

从图5.34所示的嵌入图可以看出，该模型能够找出平均价格高低的区域，提高了模型的准确率。也可以绘制其他变量的嵌入图查看网络与数据之间的关系。另外，还可以尝试通过调整超参数来提高此模型的准确率。

作业 16：预测客户的购买力

在此作业中，将尝试预测客户在某类产品上的消费金额。采用的数据集为（https://github.com/TrainingByPackt/Data-Science-with-Python/tree/master/Chapter05/data）一个零售商店的交易数据（黑色星期五）。场景如下：你在一家大型零售商店工作，并希望预测不同类型的客户将在特定产品类别上花费多少钱。这样做将帮助一线员工向客户推荐正确的产品，提高销售量和客户满意度。为此，需要创建一个机器学习模型预测交易的购买值。

（1）使用Pandas加载黑色星期五数据集。该数据集包含某个零售商店的交易数据汇总，包含的信息有客户的年龄、城市、婚姻状况、所购买商品的产品类别以及账单金额等。数据集前几行应如图5.35所示。

```
data.head()
```

	User_ID	Product_ID	Gender	Age	Occupation	City_Category	Stay_In_Current_City_Years	Marital_Status	Product_Category_1	Product_Category_2
0	1000001	P00069042	F	0-17	10	A	2	0	3	NaN
1	1000001	P00248942	F	0-17	10	A	2	0	1	6.0
2	1000001	P00087842	F	0-17	10	A	2	0	12	NaN
3	1000001	P00085442	F	0-17	10	A	2	0	12	14.0
4	1000002	P00285442	M	55+	16	C	4+	0	8	NaN

图 5.35　黑色星期五数据集中前 5 个元素

（2）删除不必要的变量和空值，以及Product_Category_2和Product_Category_3列。

（3）编码所有分类变量。

（4）使用Keras库创建神经网络进行预测。利用实体嵌入并完成超参数调整。

（5）保存模型以备将来使用。

5.10　本章小结

在本章中，我们学习了如何创建高度精确的结构化数据模型，了解了XGBoost以及如何使用XGBoost库进行模型训练。在开始学习之前，我们需要知道什么是神经网络以及如何使用Keras库训练模型。在学习了神经网络之后，我们开始处理分类数据。最后，我们了解了什么是交叉验证以及如何使用它。

完成了本章学习后，读者应该可以处理任何类型的结构化数据并使用它来创建机器学习模型。在第6章中，我们将学习如何为图像数据创建神经网络模型。

第 6 章

解 码 图 像

【学习目标】

学完本章，读者能够做到：

- 创建可将图像分类为不同类别的模型。
- 使用Keras库训练神经网络模型处理图像。
- 在不同的业务场景中应用图像增强的概念。
- 从图像中提取有意义的信息。

本章将介绍如何阅读和处理图像的各种概念。

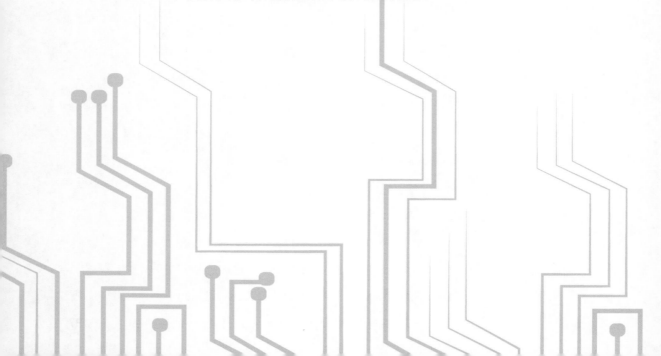

6.1 引言

到目前为止，我们只处理过数字和文本，在本章中，将学习如何使用机器学习来解码图像并提取有意义的信息，如图像中的对象类型或图像中写入的数字等。你是否曾停下来思考过人类的大脑是如何解释它们从人类的眼睛中接收的图像的？经过数百万年的进化，人类的大脑变得非常高效且能准确地识别眼睛看到的图像中的物体和图案。如今我们可以用相机复制眼睛的功能，但是计算机识别图像中的模式和对象是一项非常困难的工作。将理解图像表达内容领域称为计算机视觉。

在过去的几年里，计算机视觉领域取得了巨大的研究成果和进步。卷积神经网络（CNN）和可以在CPU上训练神经网络的能力是其中最大的突破。现如今，卷积神经网络（CNN）已应用到任何有关计算机视觉问题的领域，如自动驾驶汽车、面部识别、目标检测、目标跟踪，以及创造完全自主机器人等。本章将学习这些卷积神经网络（CNN）是如何工作的，以及CNN较传统方法有多大的提高。

6.2 图像

数码相机将图像存储为一个庞大的数字矩阵，称为数字图像。此矩阵上的每个数字表示图像中的单个像素，数值表示该像素点颜色的强度。以一幅灰度图像为例，像素值从0至255不等，其中0为黑色，255为白色。对于一幅彩色图像，这个矩阵是三维的，其中每个维度分别为红、绿、蓝的数值，矩阵中的数值是指各种颜色的强度。把这些值作为计算机视觉程序或数据科学模型的输入，进而进行预测和识别。

有两种方法使用这些像素创建机器学习模型。

（1）将单个像素作为不同的变量输入神经网络。

（2）使用卷积神经网络。

创建一个以单个像素值作为输入变量的全连接神经网络是目前最简单、最直观的方法，因此我们将从创建这个模型开始。在6.3节中，将学习卷积神经网络（CNN），并了解它在处理图像方面的优势。

练习 50：使用完全连接神经网络对 MNIST 进行分类

在本练习中，将对修订的美国国家标准与技术研究院（MNIST）数据集进行分类。MNIST是一个规范化的以28×28像素为边框的手写数字的数据集，该数据集包含60000幅训练图像和10000幅测试图像。在使用完全连接的网络的情况下，将单个像素作为特征输入网络，然后把它训练成一个普通的神经网络。

要完成此练习，执行以下操作步骤。

（1）加载所需的库，代码如下。

```
import numpy as np
import matplotlib.pyplot as plt
from sklearn.preprocessing import LabelBinarizer
from keras.datasets import mnist
from keras.models import Sequential
from keras.layers import Dense
```

（2）使用Keras库加载MNIST数据集。

```
(x_train, y_train), (x_test, y_test) = mnist.load_data()
```

（3）从图6.1所示的数据集的维度中可以看出数据是二维格式的，第一个元素为可用图像的数量，另外两个元素是图像的宽度和高度。

```
x_train.shape
```

(60000, 28, 28)

图 6.1　图像的宽度和高度

（4）画出第一幅图像，如图6.2所示。

```
plt.imshow(x_test[0], cmap=plt.get_cmap('gray'))
plt.show()
```

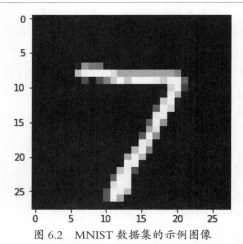

图 6.2　MNIST 数据集的示例图像

（5）将二维数据转换成一维数据，这样神经网络就可以将其作为输入（28 × 28=784）。

```
x_train = x_train.reshape(60000, 784)
x_test = x_test.reshape(10000, 784)
```

（6）将目标变量转换为One-Hot向量，这样在不同的目标变量之间，网络不会形成非必要的关联。

```
label_binarizer = LabelBinarizer()
```

```
label_binarizer.fit(range(10))
y_train = label_binarizer.transform(y_train)
y_test = label_binarizer.transform(y_test)
```

（7）创建模型。建立一个小型的两层网络，也可以尝试其他（网络）结构。在以下代码中可以了解到更多有关交叉熵损失的信息，如图6.3所示。

```
model = Sequential()
model.add(Dense(units=32, activation='relu', input_dim=784))
model.add(Dense(units=32, activation='relu'))
model.add(Dense(units=10, activation='softmax'))
model.compile(loss='categorical_crossentropy', optimizer='adam', metrics
=['acc'])
model.summary()
```

```
model.summary()

Layer (type)              Output Shape              Param #
=================================================================
dense_8 (Dense)           (None, 32)                25120

dense_9 (Dense)           (None, 32)                1056

dense_10 (Dense)          (None, 10)                330
=================================================================
Total params: 26,506
Trainable params: 26,506
Non-trainable params: 0
```

图 6.3　密集型网络的模型架构

（8）训练模型并检查最终精确度。

```
model.fit(x_train, y_train, validation_data = (x_test, y_test),
epochs=40,batch_size=32)
score = model.evaluate(x_test, y_test)
print("Accuracy: {0:.2f}%".format(score[1]*100))
```

输出如图6.4所示。

Accuracy: 93.57%

图 6.4　模型精确度

此时，已经创建了一个精确度为93.57%的预测数字图像的模型。可以使用以下代码绘制不同的测试图像并查看网络的结果，通过更改图像变量的值可以获取不同的图像，如图6.5所示。

```
image = 6
plt.imshow(x_test[image].reshape(28,28),cmap=plt.get_cmap('gray'))
plt.show()
```

```
y_pred = model.predict(x_test)
print("Prediction: {0}".format(np.argmax(y_pred[image])))
```

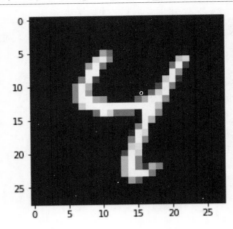

Prediction: 4

图 6.5　基于密集型网络预测的示例图像

要了解模型在哪个地方失败，只能对不正确的预测进行可视化，如图6.6所示。

```
incorrect_indices = np.nonzero(np.argmax(y_pred,axis=1) != np.argmax(y_
test,axis=1))[0]
image = 4
plt.imshow(x_test[incorrect_indices[image]].reshape(28,28),cmap=plt.get_
cmap('gray'))
plt.show()
print("Prediction: {0}".format(np.argmax(y_pred[incorrect_indices[image]])))
```

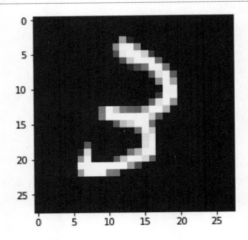

Prediction: 2

图 6.6　密集型网络的错误分类示例

由图6.6可知，因为预测的类为2，而正确的类为3，所以模型预测失败。

6.3　卷积神经网络

卷积神经网络（CNN）是一种具有卷积层的神经网络。这些卷积层利用卷积滤波器有效地处理原始图像的高维性。利用CNN能够识别图像中高度复杂的图案，而应用简单的神经网络是不可能做到的。CNN也可以用于处理自然语言。

CNN的前几层是卷积层，为在图像中找到有用的模式，网络对图像应用不同的过滤器；然后是池化层，该层有助于对卷积层的输出进行采样。

激活层控制信号从一层流向下一层，从而模拟人类大脑中的神经元。网络中的最后几层是密集层，这些层与练习50中使用的层相同。

1. 卷积层

卷积层由多个过滤器组成，当它们看到初始层中的某个特征、边界或颜色时，这些过滤器就会学习如何激活，最终会看到面部、蜂巢和轮子。这些过滤器很像Instagram的滤镜。过滤器通过某种方式改变像素来实现对图像外观的改变。下面以检测水平边的过滤器为例，如图6.7所示。

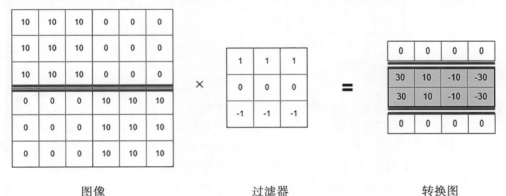

图像　　　　　　　　　　过滤器　　　　　　　　　转换图

图 6.7　水平边检测过滤器

图6.7中过滤器将图像转换为另一幅突出显示水平线的图像。为了获得这种变换，将图像的一部分与过滤器一一相乘。首先，获取图像左上角的3 × 3横截面，并使用过滤器进行矩阵乘法操作，得到第一个转换像素；其次，将过滤器向右移动一个像素，得到第二个转换像素，以此类推。转换图是一幅新图像，该图像仅突出显示水平线部分。过滤器参数的值（在本案例中取值为9）是指卷积层在训练学习时的权重或参数。一些过滤器可能会学会检测水平线、垂直线以及成45°角的线。

卷积层涉及的一些超参数如下。

（1）过滤器数（Filters）。网络中每一层过滤器的数量。该数字还反映了转换的维度，因为每个过滤器将生成一维输出。

（2）过滤器尺寸（Filter Size）。网络要学习的卷积过滤器的尺寸。该超参数将确定转换的输出尺寸。

（3）步幅（Stride）。在前面的水平边示例中，过滤器每次移动的像素就是步幅。步幅是指过滤器每次移动多少个像素。该超参数也确定了转换的输出尺寸。

（4）填充（Padding）。该超参数使网络用零填充图像的所有面。在某些情况下，这有助于保留边缘信息，并保证输入和输出的大小相同。

注释： 如果进行填充操作的话，则图像尺寸与卷积运算输出相同或更大。如果不进行填充操作的话，图像尺寸将会减小。

2. 池化层

池化层可以减小输入图像的大小，从而减少网络中的计算量和参数量。卷积层之间定期插入池化层可以控制过度拟合。池化层的最常见形式为 2×2 的最大池化层，步幅为2。该形式池化层对输入进行采样，在输出中仅保留4个像素中的最大值，（图像）纵深保持不变，如图6.8所示。

图像   转换图

图 6.8　最大池化层操作

过去，也曾经使用平均池化层，但实践证明，最大池化层在工作中效果更好，因此现在普遍使用最大池化层。许多数据科学家不喜欢使用池化层，仅仅是因为池化操作会附带信息丢失。相关方面已经开展了很多研究，发现有时没有池化层的简单网络计算效果胜过那些高级的模型。为了降低输入大小，建议每隔一段时间在卷积层中应用较大的步幅。

注释： 研究论文 *Striving for Simplicity: The All Convolutional Net* 对带有池化层的模型进行评估研究，发现池化层并不总会改善网络性能，在有足够数据的情况下，池化层大多数情况下可以发挥作用。有关更多信息，可阅读该论文（https://arxiv.org/abs/1412.6806）。

6.4　Adam 优化算法

优化器基于损失函数更新权重。优化器选择错误或优化器的超参数错误都可能拖慢最优解决方案的求解速度。

Adam源于自适应力矩估计（Adaptive Moment Estimation），专为训练深度神经网络而设计。由于Adam可以快速接近最优解，在数据科学领域内应用广泛。因此，如果需要快速收敛，可以使用Adam优化器。Adam并不总能找到最优解，在这种情况下，动量梯度下降法（SGD with Momentum）可以得到最优结果。下面为相关参数。

（1）Learning Rate（学习率）。优化器的步长，较大的值（0.2）会使初始学习的速度变快，而较小的值（0.000 01）会使训练期间的学习变慢。

（2）β_1。梯度平均估计值的指数衰减率。

（3）β_2。梯度无中心方差估计的指数衰减率。

（4）Epsilon。该参数的值是很小的数，可以防止被零除。

深度学习问题的一个很好的初始点是学习率为0.001，$\beta_1 = 0.9$，$\beta_2 = 0.999$和Epsilon $= 10^{-8}$。

注释： 有关更多信息，可阅读Adam论文（https://arxiv.org/abs/1412.6980v8）。

6.5　交叉熵损失

交叉熵损失用于处理分类问题，其中每个类别（Class）的输出是 $0 \sim 1$ 的概率值，此时的损失值会随着模型偏离实际值而增加，取值呈现负对数图形式。当模型预测的概率远离实际值时，损失值对我们有参考作用。例如，如果真实标签的概率为0.05，则给予模型一个很大的损失进行惩罚；如果真实标签的概率为0.40，则将用一个较小的损失对模型进行惩罚。

由图6.9可知，随着预测距离真实标签越来越远，损失值呈指数形式增长。交叉熵损失遵循的公式如图6.10所示。

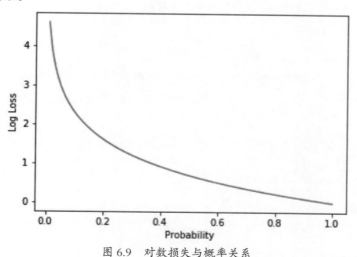

图 6.9　对数损失与概率关系

$$Loss = -\sum_{c=1}^{M} y_c \lg (p_c)$$

图 6.10　交叉熵损失公式

式中，M是数据集中的类别数量（在MNIST案例中该值取10）；y是真实标签；p是该类别的预测概率。因为随着越来越接近最优结果，权重更新会逐步变小，所以我们喜欢使用交叉熵损失进行分类分析。交叉熵损失只会对正确类别的概率进行惩罚，不计算错误类别。

练习51: 使用 CNN 对 MNIST 进行分类

在本练习中，将使用CNN而非练习50中使用的完全连接神经网络对美国国家标准与技术研究院（MNIST）数据集进行分类。把完整的图像馈入网络，输出为已编号的图像。

（1）使用Keras库加载MNIST数据集，代码如下。

```
from keras.datasets import mnist
(x_train, y_train), (x_test, y_test) = mnist.load_data()
```

（2）将二维数据转换为第三维只有一层的三维数据，这是Keras库要求的数据输入形式，代码如下。

```
x_train = x_train.reshape(-1, 28, 28, 1)
x_test = x_test.reshape(-1, 28, 28, 1)
```

（3）将目标变量转换为One-Hot向量，在不同目标变量之间网络不会形成不必要关联，代码如下。

```
from sklearn.preprocessing import LabelBinarizer
label_binarizer = LabelBinarizer()
label_binarizer.fit(range(10))
y_train = label_binarizer.transform(y_train)
y_test = label_binarizer.transform(y_test)
```

（4）创建模型，代码如下。

```
from keras.models import Model, Sequential
from keras.layers import Dense, Conv2D, MaxPool2D, Flatten
model = Sequential()
```

① 添加卷积层。

```
model.add(Conv2D(32, kernel_size=3,padding="same",input_shape=(28, 28, 1),
activation = 'relu'))
model.add(Conv2D(32, kernel_size=3, activation = 'relu'))
```

② 添加池化层。

```
model.add(MaxPool2D(pool_size=(2, 2)))
```

（5）将二维矩阵转换为一维向量，代码如下。

```
model.add(Flatten())
```

（6）使用密集层作为模型的最终层，代码如下。

```
model.add(Dense(128, activation = "relu"))
model.add(Dense(10, activation = "softmax"))
```

```
model.compile(loss='categorical_crossentropy', optimizer='adam',
metrics = ['acc'])
model.summary()
```

要完全理解这一点，观察模型的输出，如图6.11所示。

```
model.summary()

Layer (type)                 Output Shape              Param #
=================================================================
conv2d_34 (Conv2D)           (None, 28, 28, 32)        320
_____
conv2d_35 (Conv2D)           (None, 26, 26, 32)        9248
_____
max_pooling2d_20 (MaxPooling (None, 13, 13, 32)        0
_____
flatten_10 (Flatten)         (None, 5408)              0
_____
dense_24 (Dense)             (None, 128)               692352
_____
dense_25 (Dense)             (None, 10)                1290
=================================================================
Total params: 703,210
Trainable params: 703,210
Non-trainable params: 0
```

图 6.11　CNN 模型的结构

（7）训练模型并检查模型输出精确度。

```
model.fit(x_train, y_train, validation_data = (x_test, y_test),epochs=10,
batch_size=1024)
score = model.evaluate(x_test, y_test)
print("Accuracy: {0:.2f}%".format(score[1]*100))
```

模型输出精确度如图6.12所示。

Accuracy: 98.62%

图 6.12　模型输出精确度

至此，已经成功地创建了一个模型，可以以98.62%的精确度预测图像上的数字。也可以使用练习50中给出的代码来绘制不同的测试图像，查看网络的输出结果。此外，通过绘制不正确的预测图像，查看模型问题出现在哪里，如图6.13所示。

```
import numpy as np
import matplotlib.pyplot as plt
incorrect_indices = np.nonzero(np.argmax(y_pred,axis=1) != np.argmax(y_test,axis=1))[0]
image = 4
plt.imshow(x_test[incorrect_indices[image]].reshape(28,28),
cmap=plt.get_cmap('gray'))
plt.show()
print("Prediction: {0}".format(np.argmax(y_pred[incorrect_indices[image]])))
```

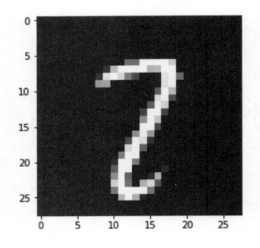

Prediction: 7

图 6.13　模型的错误预测（真实标签是 2）

由图6.13可知，该模型很难预测模糊的图像。可以尝试调整图层和超参数，验证是否可以获得更好的精确度，例如，可以尝试用步幅较大的卷积层代替池化层。

6.6　正则化

正则化是一种通过对学习算法的修改来优化机器学习模型的技术。

正则化技术可以防止过度拟合，在训练期间帮助模型更好地处理那些不可见的数据。本节将介绍各种常用的正则化方法。

1. Dropout

Dropout（舍弃）是一种用于防止神经网络模型过度拟合的正则化技术。在模型训练期间，该技术忽略掉网络中随机选择的神经元，可以避免那些神经元继续传导激活，同时在反向传播过程中权重也不会更新。为了识别特定特征，需要调整神经元的权重，与之相邻的神经元会受到影响，因为这些神经元会变成训练数据，所以可能导致过度拟合。当随机删除（关闭）一些神经元时，相邻的神经元会介入并学习特征，因此网络就会学习到各种不同的特征，这样可以使网络的泛化能力更强，避免模型过度拟合。需要谨记，在进行预测或测试模型时，不能使用Dropout层，因为这样做模型会丢失有价值的信息，也会让模型失效。Keras库可以解决这些问题。

当使用Dropout层时，建议创建一个更大的网络，因为它为模型提供了更多的学习机会。常用的舍弃（Dropout）率取值介于0.2和0.5之间。舍弃率是指某个神经元在模型训练中被舍弃不用的概率。在每层之后都有一个Dropout层能够得到良好的输出结果，因此可以一开始就在每层之后放置一个舍弃率为0.2的Dropout层，然后开始微调。

可以使用以下函数在Keras库中创建一个舍弃率为0.5的Dropout层，如图6.14所示。

```
keras.layers.Dropout(0.5)
```

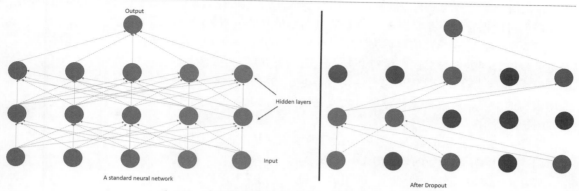

图 6.14　密集神经网络的可视化（神经元）舍弃图

2. L1 和 L2 正则化

L2是最常见的正则化类型，其次应用较多的是L1正则化。这两类正则化方法是通过增加一项模型损失来更新成本函数的，新增项会让模型的权重减小；反过来，也提升了模型的泛化能力。L1正则化的成本函数如图6.15所示。

$$Cost\ function = Loss + \frac{\lambda}{2m}\sum|w|$$

图 6.15　L1 正则化的成本函数

式中，λ是正则化系数。L1正则化会使权重非常接近零，因此应用L1正则化的神经元仅受那些非常重要的输入的影响，并忽略噪声输入。

L2正则化的成本函数如图6.16所示。

$$Cost\ function = Loss + \frac{\lambda}{2m}\sum w^2$$

图 6.16　L2 正则化的成本函数

L2正则化严厉惩罚高权重向量，而更喜欢分散的权重。L2正则化会使网络的权重衰减趋向于零，但又与L1正则化不同，权重不会完全为零，所以L2正则化也称为权重衰减。可以将L1和L2组合起来一起应用。要应用这两个正则化器，可以使用Keras库中的以下函数。

```
keras.regularizers.l1(0.01)
keras.regularizers.l2(0.01)
keras.regularizers.l1_l2(l1=0.01, l2=0.01)
```

3. 批量归一化

第1章学习了如何进行数据归一化操作，以及它如何帮助提高机器学习模型的训练速度。在这里，将把同样的归一化方法扩展应用到神经网络的各个层。批量归一化允许各层独立于其他层进行学习。通过将输入归一化到每一层，实现均值和方差值的固化，可防止前一层参数的更改对该层输入值产生过多的影响。批量归一化还具有轻微的正则化效果，类似于舍弃（Dropout）操作，可以避免过度拟合，但是批量归一化是通过向小批量的值引入噪声实现的。因为舍弃处理会导致信息丢失，所以在使用批量归一化时，最好确保更低量的舍弃处理。然而，没有必要完全删除舍弃层而完全依靠批量归一化，这是因为经验证实两者结合使用效果更好。在使用批量归一化时，选用较高的学习率可以避免计算值过高或是过低的情况。批量归一化方程如图6.17所示。

$$\hat{x}_i = \frac{x_i + \mu}{\sqrt{\sigma^2 + \epsilon}}$$

$$\hat{y} = \gamma \hat{x}_i + \beta$$

图 6.17　批量归一化方程

式中，x_i是某一层的输入；y是归一化后的输入；μ是该批次平均值，而σ^2是该批次的标准差。批量归一化引入了两个新的（x–y）Loss损失。

要在Keras库中创建一个批量归一化层，可以使用以下函数。

```
keras.layers.BatchNormalization()
```

练习52：基于 CIFAR-10 图像使用正则化改善图像分类

在本练习中，将对加拿大高级研究所（CIFAR-10）数据集进行分类分析。该数据集包含10类60000张32 × 32彩色图像，这10类分别为鸟类、飞机、猫、汽车、青蛙、鹿、狗、卡车、轮船和马。在CNN领域，该数据集是机器学习研究中使用最广泛的数据集之一，由于图像的分辨率低，所以模型在这些图像上训练速度很快。我们将使用该数据集应用正则化技术。

注释： 要获取原始的CIFAR-10文件和CIFAR-100数据集，可访问https://www.cs.toronto.edu/~kriz/cifar.html。

（1）使用Keras库加载CIFAR-10数据集，代码如下。

```
from keras.layers import Dense, Conv2D, MaxPool2D, Flatten, Dropout,BatchNormalization
from keras.datasets import cifar10
(x_train, y_train), (x_test, y_test) = cifar10.load_data()
```

（2）检查数据的维度。

①查看x的维度，代码如下。

```
x_train.shape
```

输出如图6.18所示。

(50000, 32, 32, 3)

图 6.18　x 的维度

②类似地，查看y的维度，代码如下。

```
y_train.shape
```

输出如图6.19所示。

(50000, 1)

图 6.19　y 的维度

由于这些是彩色图像，因此它们具有3个通道。

（3）将数据转换为Keras库所要求的格式，代码如下。

```
x_train = x_train.reshape(-1, 32, 32, 3)
x_test = x_test.reshape(-1, 32, 32, 3)
```

（4）将目标变量转换为One-Hot向量，因此在不同的目标变量之间不会形成不必要的关联，代码如下。

```
from sklearn.preprocessing import LabelBinarizer
label_binarizer = LabelBinarizer()
label_binarizer.fit(range(10))
y_train = label_binarizer.transform(y_train)
y_test = label_binarizer.transform(y_test)
```

（5）创建模型。

①先建立一个非正则化的小型CNN，代码如下。

```
from keras.models import Sequential
model = Sequential()
```

②添加卷积层。

```
model.add(Conv2D(32, (3, 3), activation='relu', padding='same', input_shape=(32,32,3)))
model.add(Conv2D(32, (3, 3), activation='relu'))
```

③添加池化层。

```
model.add(MaxPool2D(pool_size=(2, 2)))
```

（6）将二维矩阵转化为一维向量，代码如下。

```
model.add(Flatten())
```

（7）使用密集层作为模型的最终层，编译模型，代码如下。

```
model.add(Dense(512, activation='relu'))
model.add(Dense(10, activation='softmax'))
model.compile(loss='categorical_crossentropy', optimizer='adam',metrics = ['acc'])
```

（8）训练模型并检查输出精确度，代码如下。

```
model.fit(x_train, y_train, validation_data = (x_test, y_test),
epochs=10, batch_size=512)
```

（9）检查模型精确度，代码如下。

```
score = model.evaluate(x_test, y_test)
print("Accuracy: {0:.2f}%".format(score[1]*100))
```

输出如图6.20所示。

```
10000/10000 [==============================] - 21s 2ms/step
Accuracy: 10.00%
```

图 6.20　模型精确度

（10）创建相同的模型，但是要进行正则化处理。也可以尝试其他结构的神经网络。

```
model = Sequential()
```

①添加卷积层。

```
model.add(Conv2D(32, (3, 3), activation='relu', padding='same', input_shape=(32,32,3)))
model.add(Conv2D(32, (3, 3), activation='relu'))
```

②添加池化层。

```
model.add(MaxPool2D(pool_size=(2, 2)))
```

（11）添加批量归一化层以及一个舍弃（Dropout）层，代码如下。

```
model.add(BatchNormalization())
model.add(Dropout(0.10))
```

（12）将二维矩阵转化为一维向量，代码如下。

```
del.add(Flatten())
```

（13）使用密集层作为模型的最终层，编译模型，如图6.21所示。

```
model.add(Dense(512, activation='relu'))
model.add(Dropout(0.5))
model.add(Dense(10, activation='softmax'))
model.compile(loss='categorical_crossentropy', optimizer='adam',metrics = ['acc'])
model.summary()
```

```
model.summary()
```

Layer (type)	Output Shape	Param #
conv2d_11 (Conv2D)	(None, 32, 32, 32)	896
conv2d_12 (Conv2D)	(None, 30, 30, 32)	9248
max_pooling2d_4 (MaxPooling2	(None, 15, 15, 32)	0
batch_normalization_4 (Batch	(None, 15, 15, 32)	128
dropout_7 (Dropout)	(None, 15, 15, 32)	0
flatten_4 (Flatten)	(None, 7200)	0
dense_7 (Dense)	(None, 512)	3686912
dropout_8 (Dropout)	(None, 512)	0
dense_8 (Dense)	(None, 10)	5130

```
Total params: 3,702,314
Trainable params: 3,702,250
Non-trainable params: 64
```

图 6.21　归一化的 CNN 结构

（14）训练模型并检查输出精确度。

```
model.fit(x_train, y_train, validation_data = (x_test, y_test),epochs=10,
batch_size=512)
score = model.evaluate(x_test, y_test)
print("Accuracy: {0:.2f}%".format(score[1]*100))
```

输出如图6.22所示。

Accuracy: 69.32%

图 6.22　最终输出精确度

此时，应用正则化使模型比之前效果更好。如果发现模型没有改进，可延长训练时间，所以在设置上需要提高训练轮次。我们还可以进行很多轮次的学习，却不必担心过度拟合。

可以使用练习50中给出的代码绘制不同的测试图像并查看网络的结果。此外，通过绘制不正确的预测图像可以查看模型出了什么问题。

```
import numpy as np
import matplotlib.pyplot as plt
y_pred = model.predict(x_test)
incorrect_indices = np.nonzero(np.argmax(y_pred,axis=1) != np.argmax(y_test,axis=1))[0]
labels = ['airplane', 'automobile', 'bird', 'cat', 'deer', 'dog', 'frog', 'horse',
'ship', 'truck']
image = 3
plt.imshow(x_test[incorrect_indices[image]].reshape(32,32,3))
plt.show()
print("Prediction: {0}".format(labels[np.argmax(y_pred[incorrect_
indices[image]])]))
```

输出如图6.23所示。

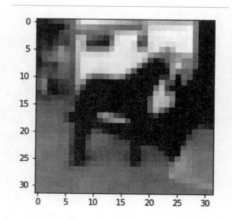

Prediction: deer

图 6.23　模型的错误预测

由图 6.23 可知，该模型很难预测模糊的图像，正确的标签是马。可以尝试使用图层和超参数，验证是否可以提高预测精确度。试着使用正则化方法构建更复杂的模型，并延长训练时间。

6.7 图像数据预处理

在本节中，我们将介绍数据科学家用来预处理图像的技术。首先，学习图像归一化；其次，学习如何将彩色图像转换为灰度图像；最后，学习将数据集中的所有图像调整为相同尺寸的方法。因为数据集包含的图像大小不同，所以需要对图像进行预处理，将它们转换为标准尺寸，用来训练机器学习模型。部分图像预处理技术有的通过使重要特征更易于识别，有的通过降低维度（如灰度图像）的方式缩短模型的训练时间。

1.归一化

在图像格式下，像素比例的顺序相同，区间为 0～255。因此，归一化步骤是可选的，可能对加快学习进程有帮助。另外，将数据居中并缩放到相同的量级，可以帮助网络保持梯度变化不会失控。神经网络可以共用参数（神经元）。如果输入图像没有按相同比例进行缩放，那么网络难以对其进行学习。

2.转换为灰度图像

根据数据集和问题的类型，可以将图像从 RGB 格式转换为灰度图像，这样可以使网络学习的参数更少，计算速度更快，但是可能会丢失图像提供的颜色信息。要将 RGB 图像转换为灰度图像，可以使用 Pillow 库，如图 6.24 所示。

```
from PIL import Image
image = Image.open('rgb.png').convert('LA')
image,save('greyscale.png')
```

图 6.24　转换为灰度的汽车图像

3.统一全部图像尺寸

在处理实际数据集时，经常会遇到一个重大挑战，即数据集中所有图像的尺寸不同。可以根据情况选用下面其中一种方法解决该问题。

（1）上采样。

如果需要特定尺寸的图像，可以对较小的图像进行上采样；如果宽高比不符合要求尺寸，则可以对采样后图像进行裁剪。虽然这样做会丢失一些信息，但是裁剪时选取不同的中心点并将这些新图像纳入数据集，就能解决此问题。上采样可以提高模型的鲁棒性。使用以下代码对图像进行上采样，输出如图6.25所示。

```
from PIL import Image
img = Image.open('img.jpg')
scale_factor = 1.5
new_img = img.resize((int(img.size[0]* scale_factor),int(img.size[1]*scale_
factor)), Image.BICUBIC)
```

上面代码中resize()函数的第二个参数是计算调整后新图像像素的算法。双三次插值算法速度快，是上采样中最佳的像素重采样算法之一。

图 6.25 一辆汽车的上采样图像

（2）下采样。

类似于上采样，可以对较大图像进行下采样缩小尺寸，然后根据需要裁剪成合适的大小。使用以下代码对图像进行下采样，输出如图6.26所示。

```
scale_factor = 0.5
new_img = img.resize(
(int(img.size[0]* scale_factor ),
int(img.size[1]* scale_factor)),
Image.ANTIALIAS)
```

上面代码中resize()函数的第二个参数是用于获取调整大小后新图像像素的算法。如前文所述，抗锯齿算法能平滑像素图像，比双三次插值算法效果好，但速度要慢得多。抗锯齿算法是下采样中最佳的像素重采样算法之一。

图 6.26　一辆汽车的下采样图像

（3）裁剪。

图像裁剪是另一种统一图像尺寸的方法。如前文所述，可以使用不同的中心避免信息丢失。使用以下代码对图像进行裁剪，输出如图6.27所示。

```
area = (1000, 500, 2500, 2000)
cropped_img = img.crop(area)
```

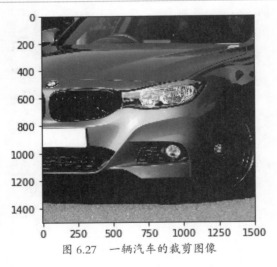

图 6.27　一辆汽车的裁剪图像

（4）填充。

填充会通过在图像周围添加一个0或1图层增加图像的尺寸。使用以下代码对图像进行填充，输出如图6.28所示。

```
size = (2000,2000)
back = Image.new("RGB", size, "white")
offset = (250, 250)
back.paste(cropped_img, offset)
```

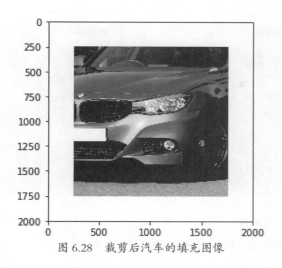

图 6.28 裁剪后汽车的填充图像

4. 其他有用的图像操作

Pillow库中有许多修改和创建新图像的函数，利用这些函数便于从现有的训练数据中创建新图像。

使用以下代码翻转图像，输出如图6.29所示。

```
img.transpose(Image.FLIP_LEFT_RIGHT)
```

图 6.29 裁剪后汽车的翻转图像

使用以下代码将图像旋转45°，输出如图6.30所示。

```
img.rotate(45)
```

图 6.30　裁剪后汽车旋转 45°

使用以下代码将图像移位1000个像素，输出如图6.31所示。

```
import PIL
width, height = img.size
image = PIL.ImageChops.offset(img, 1000, 0)
image.paste((0), (0, 0, 1000, height))
```

图 6.31　裁剪后汽车的移位图像

作业 17：预测图像中是一只猫还是一只狗

在本作业中，将尝试预测所提供的图像是一只猫还是一只狗。由Microsoft包含25000幅猫和狗的彩色图像形成猫和狗的数据集（https://github.com/TrainingByPackt/Data-Science-with-Python/tree/master/Chapter06）。假设场景为：您在一家有两名兽医的动物诊所工作，一人专门诊治狗，另一人专门诊治猫，您通过确认下一个客户是狗还是猫来自动预约医生。为此，需要创建一个CNN模型。

（1）加载猫和狗数据集并进行图像预处理。

（2）通过图像文件名为每一幅图像找到是猫还是狗的标签。第一幅图像应如图6.32所示。

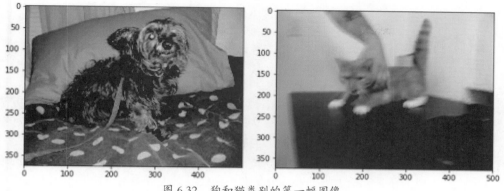
图 6.32　狗和猫类别的第一幅图像

（3）用外形正常的图形进行训练。

（4）创建一个应用正则化的CNN模型。

该模型的测试集精确度为70.4%，训练集精确度非常高，大约为96%，这意味着模型已经开始过度拟合。改进该模型以达到最优的精确度是留给大家的作业。可以使用下面的代码绘制错误预测的图像，掌握模型的预测性能，如图6.33所示。

```
import matplotlib.pyplot as plt
y_pred = model.predict(x_test)
incorrect_indices = np.nonzero(np.argmax(y_pred,axis=1) != np.argmax(y_test,axis=1))[0]
labels = ['dog', 'cat']
image = 5
plt.imshow(x_test[incorrect_indices[image]].reshape(50,50), cmap=plt.get_cmap('gray'))
plt.show()
print("Prediction: {0}".format(labels[np.argmax(y_pred[incorrect_
indices[image]])]))
```

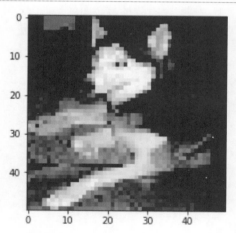

Prediction: cat

图 6.33　正则化 CNN 模型对狗的错误预测

6.8 数据增强

在训练机器学习模型时，数据科学家经常会遇到分类不均衡和缺乏训练数据的问题，这会导致模型不符合要求，在真实场景中应用时模型计算效果很差。解决这些问题的一个简单方法是数据增强。有多种数据增强的方法，如翻转图像、平移图像、裁剪图像、裁剪成变形图像、缩放图像的一部分，以及更复杂的方法，如使用生成对抗网络（GAN）生成新图像等。GAN就是一个简单的两个相互竞争的神经网络，生成器网络尝试生成与现有图像相似的图像，而辨别器网络则尝试确定该图像是生成的还是原始数据的一部分。训练完成后，生成器网络能够生成不属于原始数据但与原始数据非常相似的图像，足以以假乱真，使人认为是实际相机拍摄的图像，如图 6.34 所示。

注释： 可以在文献中了解更多有关 GAN 的信息（https://arxiv.org/abs/1406.2661）。

图 6.34　GAN 生成的伪造图像（左）和真实人物图像（右）

注释： 可以在网站中了解更多相关 GAN 的信息（http://www.whichfaceisreal.com）。

回归到进行图像增强的传统方法上，要进行前面提到的各种操作，如翻转图像，然后基于原始图像和变换后的图像训练模型。假设已有猫的翻转图像，如图 6.35 所示。

图 6.35　右侧为猫的普通图像，左侧为翻转图像

现在，因为猫的朝向相反，一个用左侧图像训练的机器学习模型将很难识别右侧的翻转图像。这是因为训练的卷积层仅能识别向左看的猫图像，卷积层已经形成了身体不同特征位置的规则。

因此，我们需要在所有增强图像上训练模型。数据增强是通过CNN模型中得到最优解的关键，利用Keras库中的ImageDataGenerator类可以轻松进行图像增强操作。6.9节将介绍更多有关生成器的信息。

6.9　生成器

上面讨论了由于受内存（RAM）限制，大型数据集会在模型训练中出现问题。当用图像训练模型时，这个问题会更加严重。Keras库应用生成器可以在模型进行实时训练期间读取大量输入图像及其对应的标签。这些生成器还可以在模型训练之前进行数据增强。下面来学习如何利用ImageDataGenerator类为模型生成增强图像。

为了实现数据扩充，只需对练习3的代码稍微更改即可。使用以下代码替换model.fit()。

```
BATCH_SIZE = 32
aug = ImageDataGenerator(rotation_range=20,
width_shift_range=0.2, height_shift_range=0.2,
shear_range=0.15, zoom_range=0.15,
horizontal_flip=True, vertical_flip=True,
fill_mode="nearest")
log = model.fit_generator(
aug.flow(x_train, y_train, batch_size= BATCH_SIZE),
validation_data=(x_test, y_test), steps_per_epoch=len(x_train) // BATCH_
SIZE, epochs=10)
```

以上代码中ImageDataGenerator()函数中相关参数的意义如下。

（1）rotation_range（旋转度）。此参数定义图像可以旋转的最大角度。旋转是随机的，并且取值可以是小于给定的任意值，因此可以确保不会存在两个相同图像。

（2）width_shift_range / height_shift_range（宽度/高度平移度）。图像的平移量。如果该值小于1，则表示总宽度的比例值；如果该值大于1，则表示像素值，取值区间为（–shift_range，+ shift_range）。

（3）shear_range（裁剪度）。图像的裁剪角度，单位为度（°），逆时针方向裁剪。

（4）zoom_range（缩放度）。该参数取值区间为[lower_range, upper_range]，也可以是浮点型，此时浮点型参数取值区间为[1–zoom_range，1 + zoom_range]。该参数为随机取值。

（5）horizontal_flip / vertical_flip。垂直/水平翻转度，该参数取值为真（Ture）时，生成器将水平或垂直随机翻转图像。

（6）fill_mode。该参数确定用什么方式填充图像进行旋转和裁剪等操作过程产生的空白区域。

● Constant。用一个定义为cval的参数值（代表的颜色）进行空白填充。

● Nearest。用图像最邻近的像素进行空白填充。

● **Reflect**。用像镜子一样的图像反射效果进行空白填充。

● **Wrap**。用图像进行环绕式空白填充。

生成器会对所有图像随机地应用上述操作，这样模型不会两次看到相同的图像，而且降低了过度拟合的可能性。在使用生成器时，要使用fit_generator()函数，而非fit()函数。我们会根据训练时可用RAM容量将适当批次数量的图像输入生成器。

默认的Keras生成器有少量的内存占用，我们可以创建自己的生成器，并清除内存占用。为此，必须确保生成器采取以下4个步骤的操作。

（1）读取输入图像（或任何其他数据）。

（2）读取或生成标签。

（3）预处理或增强图像。

注释：确保随机增强图像。

（4）以满足Keras要求的方式输出图像，代码如下。

```python
def custom_image_generator(images, labels, batch_size = 128):

    while True:
        # Randomly select images for the batch batch_images = np.random.choice
(images, size = batch_size)
        batch_input = []
        batch_output = []

        # Read image, perform preprocessing and get labels for image in batch_images:

            # Function that reads and returns the image imput = get_input(image)

            # Function that gets the label of the image output = get_output(image,
labels=labels)

            # Function that pre-processes and augments the image imput = preprocess_
image(input)

            batch_input += [input]
            batch_output += [output]

    batch_x = np.array(batch_input)
    batch_y = np.array(batch_output)

# Return a tuple of(images,labels) to feed the network yield(batch_x, batch_y)
```

对于get_input、get_output和preprocess_image的应用，作为一个练习留给大家。

练习53：使用图像增强对 CIFAR-10 图像进行分类

在本练习中，将对CIFAR-10（加拿大高级研究所）数据集进行类似于练习52中的分类分析。我们将使用生成器扩充训练数据，并随机地对图像进行旋转、移动和翻转等操作。

（1）使用Keras库加载CIFAR-10数据集，代码如下。

```
from keras.datasets import cifar10
(x_train, y_train), (x_test, y_test) = cifar10.load_data()
```

（2）将数据转换为Keras库要求的格式，代码如下。

```
x_train = x_train.reshape(-1, 32, 32, 3)
x_test = x_test.reshape(-1, 32, 32, 3)
```

（3）将目标变量转换为One-Hot向量，这样不同目标变量之间的网络不会形成不必要的关联，代码如下。

```
from sklearn.preprocessing import LabelBinarizer
label_binarizer = LabelBinarizer()
label_binarizer.fit(range(10))
y_train = label_binarizer.transform(y_train)
y_test = label_binarizer.transform(y_test)
```

（4）创建模型。使用的网络源自练习3，代码如下。

```
from keras.models import Sequential
model = Sequential()
```

①添加卷积层。

```
from keras.layers import Dense, Dropout, Conv2D, MaxPool2D, Flatten, BatchNormalization
model.add(Conv2D(32, (3, 3), activation='relu', padding='same', input_shape=(32,32,3)))
model.add(Conv2D(32, (3, 3), activation='relu'))
```

②添加池化层。

```
model.add(MaxPool2D(pool_size=(2, 2)))
```

③添加批量归一化层以及一个Dropout层。

```
model.add(BatchNormalization())
model.add(Dropout(0.10))
```

（5）将二维矩阵转化为一维向量，代码如下。

```
model.add(Flatten())
```

（6）使用密集层作为模型的最终层，代码如下。

```
model.add(Dense(512, activation='relu'))
```

```
model.add(Dropout(0.5))
model.add(Dense(10, activation='softmax'))
```

（7）应用以下代码编译模型。

```
model.compile(loss='categorical_crossentropy', optimizer='adam',
metrics = ['acc'])
```

（8）创建数据生成器，并向其传递所需的扩充数据，代码如下。

```
from keras.preprocessing.image import ImageDataGenerator
datagen = ImageDataGenerator(
    rotation_range=45,
    width_shift_range=0.2,
    height_shift_range=0.2,
    horizontal_flip=True)
```

（9）训练模型，代码如下。

```
BATCH_SIZE = 128
model_details = model.flow(datagen.flow(x_train, y_train, batch_size = BATCH_SIZE),
                steps_per_epoch = len(x_train) // BATCH_SIZE,
                epochs = 10,
                validation_data= (x_test, y_test),
                verbose=1)
```

（10）检测模型的最终输出精确度，代码如下。

```
score = model.evaluate(x_test, y_test)
print("Accuracy: {0:.2f}%".format(score[1]*100))
```

输出如图6.36所示。

Accuracy: 60.35%

图 6.36　模型输出精确度

此时，已经利用数据增强技术让模型识别了更多的图像，但是模型的精确度下降了。这是由于对模型训练的轮次太少，我们需要对使用了数据增强技术的模型进行更多轮次的训练，而无须担心过度拟合，这是因为每个轮次的训练模型都会从数据集中发现新的图像。如果有重复图像的话，数量也非常少。模型经过很多轮次的训练，肯定会有所改进。可尝试使用更多的网络结构和数据扩充方法进行模型实验。

可以使用下面的代码绘制错误的图像，如图6.37所示。通过检查未正确识别的图像，可以评估模型的性能以及性能不佳的问题出现在何处。

```
y_pred = model.predict(x_test)
incorrect_indices = np.nonzero(np.argmax(y_pred,axis=1) != np.argmax(y_test,axis=1))[0]
labels = ['airplane', 'automobile', 'bird', 'cat', 'deer', 'dog', 'frog','horse',
'ship', 'truck']
```

```
image = 2
plt.imshow(x_test[incorrect_indices[image]].reshape(32,32,3))
plt.show()
print("Prediction: {0}".format(labels[np.argmax(y_pred[incorrect_
indices[image]])]))
```

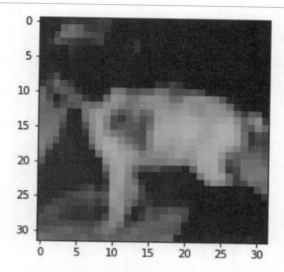

Prediction: horse

图 6.37　在增强数据上训练 CNN 模型的错误预测

作业 18：识别和增强图像

本作业与作业 17 中的操作类似，试着预测一幅图像是猫还是狗。为了获得更好的预测结果，会使用生成器处理图像，并应用数据增强技术。

（1）创建函数获取所有图像以及图像标签，然后，创建函数预处理加载的图像并对其进行增强。最后，创建数据生成器（如"生成器"部分中所示），利用上述函数在训练期间将数据提供给 Keras库。

（2）加载尚未扩充的测试集。

（3）创建一个CNN模型，识别提供的图像是猫还是狗。务必应用正则化。

该模型的测试集的精确度约为72%，相对于作业 17 中的模型有所改进，训练精确度确实很高，约为98%。这意味着与作业 17 中的模型一样，该模型也已经开始过度拟合。这可能是由于没有进行数据增强，可尝试修改数据增强参数，看看精确度是否有所变化；或者，可以修改神经网络的结构以获得更好的结果。绘制出错误预测的图像，进而了解模型的预测性能。

```
import matplotlib.pyplot as plt
y_pred = model.predict(validation_data[0])
incorrect_indices = np.nonzero(np.argmax(y_pred,axis=1) !=
np.argmax(validation_data[1],axis=1))[0]
```

```
labels = ['dog', 'cat']
image = 7
plt.imshow(validation_data[0][incorrect_indices[image]].reshape(50,50),
cmap=plt.get_cmap('gray'))
plt.show()
print("Prediction: {0}".format(labels[np.argmax(y_pred[incorrect_indices[image]])]))
```

错误预测如图6.38所示。

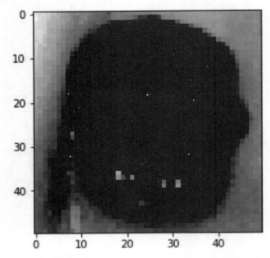

Prediction: dog

图 6.38　数据增强的 CNN 模型对猫的错误预测

6.10　本章小结

本章学习了什么是数字图像以及如何用它们创建机器学习模型；介绍了如何使用Keras库训练处理图像的神经网络模型；讨论了什么是正则化，如何应用于神经网络，重点是学习了什么是图像增强以及如何使用；学习了什么是CNN以及如何应用它们；最后讨论了各种图像预处理技术。

完成了本章学习，读者已经能够运用任何类型的数据去创建机器学习模型。第7章将学习如何处理人类语言。

第7章

人类语言处理

【学习目标】

学完本章，读者能够做到：

● 为文本数据创建机器学习模型。

● 使用NLTK库预处理文本。

● 使用正则表达式清理和分析字符串。

● 使用Word2Vec模型创建单词嵌入。

本章将介绍人类语言处理相关概念。

7.1 引言

人工智能最重要的目标之一是理解人类语言并执行指令。拼写检查、情感分析、问答、聊天机器人和虚拟助理(如Siri和Google助手)都有一个自然语言处理(NLP)模块,该模块让虚拟助理能够处理人类语言并执行相关操作。例如,当我们说"请设置早上7点的闹钟"时,语音首先被转换成文本,然后由NLP模块处理文本。在此处理之后,虚拟助理将调用正确的闹钟/时钟应用程序API。因为人类语言是模棱两可的,所以处理人类语言有它自身的一系列挑战,依据所应用的上下文的不同,词语意义不同。对于人工智能,语言是最大的难点。

另一个难点是无法获得完整的信息。通常认为是正确或是错误的常识性信息,在交流时我们习惯忽略这类信息。例如,根据上下文信息,"I saw a man on a hill with a telescope."这句话可能有多种不同的含义,如可能是"我看见山上有一个带着望远镜的人。"的意思,也可能是"我通过望远镜看见山上有一个人。"的意思等。因为大多数信息需要联系上下文内容,所以计算机很难追踪此类信息。由于深度学习的优势,NLP比传统方法(如聚类模型和线性模型)表现更优,这就是我们为解决NLP问题对文本语料库进行深度学习的原因。与其他任何机器学习问题一样,NLP也有两个主要部分,即数据处理和模型创建。接下来,将学习如何处理文本数据,学习如何使用处理后的数据创建机器学习模型解决我们的问题。

7.2 文本数据处理

在为文本数据建立机器学习模型之前,需要进行数据处理。首先,将学习不同的数据构成方法,这有助于我们了解数据的真正含义,并决定下一步要使用的预处理技术;其次,将继续学习数据预处理技术,以有效减小数据规模,进而缩短训练时间,还可以帮助我们将数据转换为一种机器学习算法更容易提取信息的形式;最后,学习如何将文本数据转换为数字,这样机器学习算法可以真正意义上地创建模型。使用单词嵌入执行此操作,就像实体嵌入一样。

1. 正则表达式

在开始处理文本数据之前,需要学习正则表达式(RegEx)。正则表达式不是一种预处理技术,而是在字符串中定义搜索模式的一串字符。正则表达式是一种处理文本数据的强大工具,可以帮助我们在文本集合中查找字符串。正则表达式由元字符和常规字符组成见表7.1。

表 7.1　RegEx 中包含的元字符和相关示例

元字符	应 用	示 例
^ 和 $	^ 表示匹配行首的文本； $ 表示匹配行尾的文本	"~The" 匹配任意以 The 开始的字符串； "you$" 匹配任意以 you 结尾的字符串
*	表示重复零次或更多次	"Hello*" 匹配带有 Hell，后面跟着任意数量个 "o" 的字符串
+	表示重复一次或更多次	"Hello+" 匹配带有 Hell，后面跟着任意数量个 "o" 的字符串
?	表示重复零次或一次	"Hello？" 匹配 Hell 或 Hello
{a,b}	表示某字符串允许出现的次数区间	"Hello{2,5}" 匹配带有 Hell，后面跟着 2～5 个 "o" 的字符串，会与 "Helloo" 匹配，但不会与 "Hello" 匹配
.	表示匹配任何字符串	"e." 匹配 e 后的任意字符串，会在 "Hello world" 中匹配 "llo world"
| 和 []	| 表示匹配之前或之后的字符串； [] 表示匹配括号中的任何字符串	"a|b" 匹配带有 a 或 b 的字符串； "[ab]" 与上面类似。在字符串 "bat" 中 RegEx 会先匹配 b，然后匹配 a
\w、\d 和 \s	\w 表示匹配单个单词字符； \d 表示匹配数字； \s 表示匹配任意空白符 （不存在大写匹配的版本）	"\w\s\d" 匹配一个以一个字符开始，有一个空格，再以一个数字结尾的字符串。会在字符串 "winners scored 90" 中匹配 "d 9"

可以使用RegEx搜索文本中的复杂模式。例如，使用RegEx从文本中删除网页地址（URL），代码如下。

```
re.sub(r"https?\://\S+\s", '', "https://www.asfd.com hello world")
```

函数re.sub()需要传输三个参数：第一个参数是RegEx，第二个参数是需要替换匹配模式的表达式，第三个参数是被搜索的文本。

该代码的输出如图7.1所示。

'hello world'

图 7.1　输出代码

注释： RegEx定义很难，因此在使用RegEx时，可参考备忘页，如http://www.pyregex.com/。

练习54：使用 RegEx 清洗字符串

在本练习中，将使用Python中的re模块修改和分析字符串，简单地学习如何使用RegEx预处理数据，使用数据集来自IMDB电影评论（ https://github.com/TrainingByPackt/Data-Science-with-Python/tree/master/Chapter07 ），我们还将在本章后半部分基于该数据集创建情感分析模型。该数据集已经被处理过,某些单词已经被删除。因此在开始之前分析所用的数据集是非常重要的工作。

(1)将评论文本保存到一个变量中,代码如下。也可以使用其他任何文本段。

```
string="first think another Disney movie, might good, it's kids
movie.watch it, can't help enjoy it. ages love movie. first saw movie 10
8 years later still love it! Danny Glover superb could play part better.
Christopher Lloyd hilarious perfect part. Tomy Danza believable Mel Clark.
can't help, enjoy movie! give 10/10!<br /><br />- review Jamie Robert
Ward(http://www.invocus. net)"
```

(2)计算评论的长度,这样可以掌握删减的数量。使用len(string)函数输出字符串长度,代码如下。

```
len(string)
```

输出长度如图7.2所示。

344

图 7.2　字符串的长度

(3)由于从网站上抓取数据时,超链接有可能也会被记录下来。而在大多数情况下,超链接不提供任何信息。使用复杂的正则表达式字符串从数据中删除所有超链接,如" https？\://\S +",这会选择其中任何带有"https://"的子字符串。

```
import re
string = re.sub(r"https?\://\S+", '', string)
string
```

删除带有超链接的字符串如图7.3所示。

"first think another Disney movie, might good, it's kids movie. watch it, can't help enjoy it. ages love movie. first saw movie 10 8 years later still love it! Danny Glover superb could play part better. Christopher Lloyd hilarious perfect part. Tony Danza believable Mel Clark. can't help, enjoy movie! give 10/10!

- review Jamie Robert Ward ("

图 7.3　删除带有超链接的字符串

(4)从文本中删除br HTML标记,有时,这些HTML标记会添加到废弃数据中。

```
string = re.sub(r'<br />', '', string)
string
```

没有br标签的字符串如图7.4所示。

"first think another Disney movie, might good, it's kids movie. watch it, can't help enjoy it. ages love movie. first saw movie 10 8 years later still love it! Danny Glover superb could play part better. Christopher Lloyd hilarious perfect part. Tony Danza believable Mel Clark. can't help, enjoy movie! give 10/10! - review Jamie Robert Ward ("

图 7.4　没有 br 标签的字符串

（5）删除文本中的所有数字。当数字不重要时，就可以减小数据集的大小。

```
string = re.sub('\d', '', string)
string
```

没有数字的字符串如图7.5所示。

"first think another Disney movie, might good, it's kids movie. watch it, can't help enjoy it. ages love movie. first saw movie　years later still love it! Danny Glover superb could play part better. Christopher Lloyd hilarious perfect part. Tony Danza believable Mel Clark. can't help, enjoy movie! give /! - review Jamie Robert Ward ("

图 7.5　没有数字的字符串

（6）删除所有特殊字符和标点符号。这些字符可能只是占用空间而没有为机器学习算法提供任何信息。因此，使用如下所示的正则表达式模式删除它们。

```
string = re.sub(r'[_"\-;%()|+&=*%.,!?:#$@\[\]/]', '', string)
string
```

不带特殊字符和标点符号的字符串如图7.6所示。

"first think another Disney movie might good it's kids movie watch it can't help enjoy it ages love movie first saw movie　years later still love it Danny Glover superb could play part better Christopher Lloyd hilarious perfect part Tony Danza　believable Mel Clark can't help enjoy movie give　review Jamie Robert Ward "

图 7.6　不带特殊字符和标点符号的字符串

（7）用cannot代替can't，用it is代替it's，这可以帮助减少培训时间，因为独特性的单词量减少了。

```
string = re.sub(r"can\'t", "cannot", string)
string = re.sub(r"it\'s", "it is", string)
string
```

最终的字符串如图7.7所示。

'first think another Disney movie might good it is kids movie watch it cannot help enjoy it ages love movie first saw movie　years later still love it Danny Glover superb could play part better Christopher Lloyd hilarious perfect part Tony Danza believable Mel Clark cannot help enjoy movie give　review Jamie Robert Ward '

图 7.7　最终的字符串

（8）计算清洗后的字符串长度。

```
len(string)
```

字符串的输出大小如图7.8所示。

324

图 7.8　清理后字符的长度

171

我们将选取的电影评论的大小减少了14%。

（9）使用RegEx分析数据，获取以大写字母开头的所有单词。

注释：re.findall()函数将正则表达式模式和字符串作为输入，输出与该形式匹配的所有子字符串。代码如下。

```
re.findall(r"[A-Z][a-z]*", string)
```

大写字母开头的单词如图7.9所示。

```
['Disney',
 'Danny',
 'Glover',
 'Christopher',
 'Lloyd',
 'Tony',
 'Danza',
 'Mel',
 'Clark',
 'Jamie',
 'Robert',
 'Ward']
```

图 7.9　大写字母开头的单词

（10）查找文本中所有的由单个字母和两个字母构成的单词，代码如下。

```
re.findall(r"\b[A-Z]{1,2}\b", string)
```

输出如图7.10所示。

```
['it', 'is', 'it', 'it', 'it']
```

图 7.10　单个字母和两个字母的单词

此时，已使用RegEx与re模块成功修改和分析了该电影评论字符串。

2. 基本特征提取

基本特征提取可以帮助我们掌握数据的组成，有助于我们选择预处理数据集的步骤。基本特征提取包括诸如统计单词平均数和特殊字符之类的操作。以IMDB电影评论数据集为例。

```
data = pd,read_csv('movie_reviews.csv', encoding='latin-1')
```

查看该数据集构成情况，代码如下。

```
data.iloc[0]
```

输出如图7.11所示。

```
SentimentText    first think another Disney movie, might good, ...
Sentiment                                                        1
Name: 0, dtype: object
```

图 7.11　SentimentText 数据

SentimentText变量包含实际评论，而SentimentText变量包含评论的情感，1代表正面情感，

0代表负面情感。打印第一条评论，对正在处理的数据有一个了解。

```
data.SentimentText[0]
```

第一条评论如图7.12所示。

```
"first think another Disney movie, might good, it's kids movie. watch
it, can't help enjoy it. ages love movie. first saw movie 10 8 years l
ater still love it! Danny Glover superb could play part better. Christ
opher Lloyd hilarious perfect part. Tony Danza believable Mel Clark. c
an't help, enjoy movie! give 10/10!"
```

图 7.12　第一条评论

下面将统计数据集的关键信息，尽量了解正在使用的数据类型。

（1）单词数。

使用以下代码获取每条评论中的单词数。

```
data['word_count']=data['SentimentText'].apply(lambda x: len(str(x).split(" ")))
```

代码中，DataFrame中的word_count变量包含评论中的单词总数。apply()函数中的split()函数将对数据集的每一行进行迭代，以获取每个类别（Class）中的平均单词总数，检查正面评论是否多于负面评论。

Pandas中的mean()函数计算某一列的平均值。对于负面评论，使用以下代码。

```
data.loc[data.Sentiment==0, 'word_count'].mean()
```

负面情感的平均单词总数如图7.13所示。

129.08048
图 7.13　负面情感的平均单词总数

对于正面评论，使用以下代码。

```
data.loc[data.Sentiment==1, 'word_count'].mean()
```

积极情感的平均单词总数如图7.14所示。

132.48864
图 7.14　积极情感的平均单词总数

我们可以看到，这两个分类的平均单词总数没有太大差异。

（2）停用词。

停用词是语言中最常见的词，如I、me、my、yours和the等。大多数情况下，这些单词不会提供句子相关的真实信息，因此从数据集中删除了这些单词，降低数据量。nltk库包含了英语停用词列表，通过以下代码可以访问。

```
from nltk.corpus import stopwords
stop=stopwords.words('english')
```

要获取这些停用词的数量，可以使用以下代码。

```
data['stop_count']=data['SentimentText'].apply(lambda x: len([x for x in x.split()
if x in stop]))
```

通过使用以下代码，可以查看每个类别中停用词的平均个数。

```
data.loc[data.Sentiment == 0, 'stop_count'].mean()
```

一条负面评论中的停用词平均数量如图7.15所示。

1.94104

图 7.15　负面评论的停用词平均数量

使用以下代码获得积极评论的停用词数量。

```
data.loc[data.Sentiment == 1, 'stop_count'].mean()
```

积极评论的停用词平均数量如图7.16所示。

1.49064

图 7.16　积极评论的停用词平均数量

（3）特殊字符数。

根据要处理的问题种类，可能需要保留@、#、$和*之类的特殊字符，或者将其删除。因此，首先必须弄清楚数据集中出现了多少个特殊字符。要获取数据集中^、&、*、$、@和#的数量，使用以下代码。

```
data['special_count']= data['SentimentText'].apply(lambda x: len(re.sub('[^\^&*$@#]+', '', x)))
```

3. 文本预处理

了解了数据构成，为了机器学习算法可以轻松地在文本中找到模式，需要对其进行预处理。下面将针对机器学习模型的读入数据，介绍一些用于清洗数据以及降低数据维度的技术。

（1）转换为小写。

对数据进行预处理的第一步是将所有数据转换为小写，这样可以防止同一个单词有多个副本。可以使用以下代码轻松地将所有文本转换为小写。

```
data['SentimentText'] = data['SentimentText'].apply(lambda x: " ".join(x.lower()
for x in x.split()))
```

apply()函数应用lower()函数对数据集的每一行进行迭代。

（2）删除停用词。

停用词能提供的信息很少，所以需要从数据集中将其删除。停用词不影响句子的情感。进行该操作可以消除停用词可能引起的偏见。

```
data['SentimentText'] = data['SentimentText'].apply(lambda x: " ".join(x.for
x in x.split() if x not in stop))
```

（3）删除高频单词。

在此步骤中将删除当前数据集中使用频率较高的单词。例如，可以从tweet数据集中删除单词

RT、@ username和DM等。首先，查找使用频率较高的单词。

```
word_frep = pd.Series(' '.join(data['SentimentText']).split()).value_counts()
word_frep.head()
```

最常用的词如图7.17所示。

```
/><br        50931
movie        30502
film         27399
one          20688
like         18130
dtype: int64
```

图 7.17　tweet 数据集中的最常用单词

从图7.17输出中可以发现，文本包含HTML标签，可以将其删除，能明显减小数据集的大小。因此，首先删除所有
HTML标签，然后删除诸如movie和film之类的词，这些词对评论检测不会有太大影响。

```
data['SentimentText'] = data['SentimentText'].str.replace(r' <br/>', '')
data['SentimentText'] = data['SentimentText'].apply(lambda x: " ".join(x for
x in x.split() if x not in ['movie', 'film']))
```

（4）删除标点符号和特殊字符。

因为标点符号和特殊字符对文本提供的信息很少，所以可以从文本中将它们删除。使用以下正则表达式删除标点符号和特殊字符。

```
punc_special = r"[^A-Za-z0-9\s]+"
data['SentimentText'] = data['SentimentText'].str.replace(punc_special, '')
```

正则表达式选择了所有字母、数字字符和空格。

（5）拼写检查。

有时，单词的拼写错误会导致同一个单词有多个副本。可以通过自动更正库进行拼写检查和更正。

```
from autocorrect import spell
data['SentimentText'] = [' '.join([spell(i) for i in x.split()]) for x in
data['SentimentText']]
```

（6）词干提取。

词干提取是指删除后缀（如ily、iest和ing）的做法，因为同一词根单词的变体具有相同的含义。例如，happy、happily和happiest的含义相同，因此可以用happy代替。词干提取在不需要分析幸福度的情感分析情况下很有用，因为它会降低当前所需数据维度。要执行词干提取，可以使用nltk库。

```
from nltk.stem import PorterStemmer
```

```
stemmer = PorterStemmer()
data['SentimentText'] = data['SentimentText'].apply(lambda x: "
".join([stemmer.stem(word) for word in x. split()]))
```

注释： 根据数据集的大小，进行拼写检查、词干提取和词形还原会花费大量时间，因此需要观察数据集确认是否需要进行这些处理。

（7）词形还原。

词形还原（Lemmatization）比词干提取更加高效，建议优先选用。

词形还原与词干提取相似，但是此处用单词的根词代替单词，以降低数据集的维数。一般来说，词形还原比词干提取更加高效，可以使用nltk库进行词形还原。

```
lemmatizer = nltk.stem.WordNetLemmatizer()
data['SentimentText'][:5].apply(lambda x: " ".join([lemmatizer.lemmatize(word)
for word in x. split()]))
```

注释： 由于存在"维度灾难"，我们一直在尽力降低数据集的维数。随着数据集维度（因变量）的增加，数据集会变得稀疏，这是由于难以对庞大数量的要素（因变量）进行建模并得到正确的输出。随着数据集特征数量的增加，需要更多的数据点进行建模。因此，要摆脱高维数据的困扰，需要获取更多数据，这样做反过来又会增加处理数据的时间。

（8）词汇切分/断词/分词。

词汇切分是将句子分割为单词序列或将段落分割为句子序列的过程。最后我们需要做的是把数据转换为单词的One-Hot向量。可以使用nltk库进行词汇切分。

```
import nltk
nltk word_tokenize("Hello Dr. Ajay. It's nice to meet you.")
```

词汇切分后的列表如图7.18所示。

```
['Hello', 'Dr.', 'Ajay', '.', 'It', "'s", 'nice', 'to', 'meet', 'you',
'.']
```

图 7.18　词汇切分后的列表

词汇切分把标点符号和单词分开，同时检测出复杂的单词，如"Dr."。

练习 55：预处理 IMDB 电影评论数据集

本练习中，将预处理IMDB电影评论数据集，令其可用于任何机器学习算法。该数据集包含25000条电影评论以及评论情感（正面或负面），希望利用评论预测（观影）情感。

（1）使用Pandas加载IMDB电影评论数据集。

```
import pandas as pd
data = pd.read_csv('../..chapter 7/data/movie_reviews.csv', encoding='latin-1)
```

（2）将数据集中的所有字符转换为小写。

```
data.SentimentText=data.SentimentText.str.lower()
```

（3）编写clean_str()函数，利用re模块清洗评论数据。

```
import re
def clean_str(string):
string = re.sub(r"https?\://\S+", '', string)
string = re.sub(r"\<a href", '', string)
string = re.sub(r"&amp;", 'and', string)
string = re.sub(r"<br />", '', string)
string = re.sub(r"[_"\-;%()|+&=*%.,!?:#$@\[\]/]", '', string)
string = re.sub(r"\d", '', string)
string = re.sub(r"can\'t", "cannot", string)
string = re.sub(r"it\'s", "it is", string)
return string
```

注释：此函数首先删除文本中所有的超链接；其次，删除HTML标签（<a>或
），接下来把所有的&amp替换为and，紧接着删除所有特殊字符、标点符号和数字等；最后，用cannot替换can't，用it is替换it's。

```
data.SentimentText=data.SentimentText.apply(lambda x: clean_str(str(x)))
```

使用Pandas的apply()函数对整个数据集进行清洗。

（4）使用以下代码检查数据集的单词分布。

```
pd.Series(''.join(data['SentimentText']).split()).value_counts().head(10)
```

出现频率前10的单词如图7.19所示。

```
movie    43558
film     39095
it       30659
one      26509
is       20355
like     20270
good     15099
the      13913
time     12682
even     12656
dtype: int64
```

图 7.19　出现频率前 10 的单词

（5）从评论中删除停用词。

注释：要删除停用词，首先对评论进行词汇切分；其次从nltk库中加载并删除停用词。

因为movie、film和time在评论中出现得非常频繁，而且对理解评论的情感没有多大作用，所以把movie、film和time添加到停用词中。

```
from nltk.corpus import stopwords
from nltk.tokenize import word_tokenize, sent_tokenize
```

```
stop_words=stopwords.words('english')+['movie', 'film', 'time']
stop_words=set(stop_words)
remove_stop_words=lambda r:[[word for word in word_tokenize(sente) if word not
in stop_words]for sente in sent_tokenize(r)]
data['SentimentText']=data['SentimentText'].apply(remove_stop_words)
```

将词汇切分组合成句子，并舍弃所有文字均为停用词的文本。

```
def combine_text(text):
    try:
        return ' '.join(text[0])
    except:
        return np nan

data.SentimentText = data.SentimentText.apply(lambda x: combine_text(x))
data = data.dropan(how='any')
```

（6）将文本转换为词汇切分，然后转换为数值。将在这两个步骤中使用Keras库中的Tokenizer()函数。

```
from keras.preprocessing_text import Tokenizer

tokenizer=Tokenizer(num_words=250)
tokenizer.fit_on_texts(list(data['SentimentText']))
sequences=tokenizer.texts_to_sequences(data['SentimentText'])
```

（7）使用以下代码获取词汇数量。

```
word_index = tokenizer.word_index
print('Found %s unique tokens.' % len(word_index))
```

唯一词汇切分数量如图7.20所示。

```
Found 77348 unique tokens.
```
图 7.20　唯一词汇切分数量

（8）为了降低模型的训练时间，将评论的长度限制在200个单词。可以尝试修改此数值来找出最精确的方法。

注释： 把字符较少的行用0填充，可以根据精确度和训练时长增加或降低填充长度。

```
from keras.preprocessing.sequence import pad_sequences
reviews = pad_sequences(sequences, maxlen=200)
```

（9）保存词汇切分文件，便于把评论转换为文本。

```
import pickle
with open('tokenizer.pkl', 'wb')as handle:
            pickle.dump(tokenizer, handle, protocol=pickle.HIGHEST_PROTOCOL)
```

运行以下代码预览已清洗的评论。

```
data.SentimentText[124]
```

清洗后的评论如图7.21所示。

```
"perfect example divides people groups get joke n't people usually att
ack n't understand comic style charm unparalleled since great comedy g
reat romance perfect date perfect someone wants good lighthearted laug
h perspective tense maybe n't may need counseling injustice paramount
kept shelf since early 's never seen light day dvd yet feel urban vers
ion honeymooners good idea find odd two alltime favorite romantic come
dies never released dvd gene wilder 's world 's greatest lover fox sat
since early 's well yet justin kelly nearly every video store country
justice world maybe took bash enjoy justin kelly 'm sure one watered e
nough get sometimes age people lose sense humor sometimes goes stale f
ind comic satisfaction reruns full house"
```

图 7.21　清洗后的评论

运行以下代码，获取下一处理步骤的输入内容。

```
reviews[124]
```

基于reviews命令下一步需要输入的内容如图7.22所示。

```
array([   0,    0,    0,    0,    0,    0,    0,    0,    0,    0,    0,    0,    0,
          0,    0,    0,    0,    0,    0,    0,    0,    0,    0,    0,    0,    0,
          0,    0,    0,    0,    0,    0,    0,    0,    0,    0,    0,    0,    0,
          0,    0,    0,    0,    0,    0,    0,    0,    0,    0,    0,    0,    0,
          0,    0,    0,    0,    0,    0,    0,    0,    0,    0,    0,    0,    0,
          0,    0,    0,    0,    0,    0,    0,    0,    0,    0,    0,    0,    0,
          0,    0,    0,    0,    0,    0,    0,    0,    0,    0,    0,    0,    0,
          0,    0,    0,    0,    0,    0,    0,    0,    0,    0,    0,    0,    0,
          0,    0,    0,    0,    0,    0,    0,    0,    0,    0,    0,    0,    0,
          0,    0,    0,    0,    0,    0,   16,   15,    2,   16,    2,  129,   20,
        106,   20,  170,    5,  168,    2,   97,  238,  129,    1,   36,   31,  139,
        167,  138,  126,  197,    5,  210,   71,   29,   36,  167,    1,   76,    1,
        129,    1,   11,  138,   75,   76,  168,  244,   54,  142,    3,   93,   15,
         16,  172,  157,   71,  196])
```

图 7.22　清洗评论后下一步操作的输入内容

此时，已经成功地预处理了第一个文本数据集，现在的评论数据是一个25000行（或条评论）和200列（或个单词）的矩阵。接下来，学习如何将这些数据转换为嵌入，方便更轻松地评论预测（观影）情感。

4. 文本处理

现在我们已经清理了数据集，下面将其转换为机器学习模型可以使用的形式。在第5章中我们讨论了神经网络为什么无法直接处理单词，因此需要将文本转换为数值才能对其进行处理。为了能够执行诸如情感分析之类的任务，需要将文本转换为数值。

文本转换为数值的第一个方法是单字编码。该方法对于单词的效果较差，因为单词之间存在一定的关系，而单字编码使得单词的计算就好像独立于其他单词一样。例如，有3个词，即汽车、卡车和船，现在，汽车在相似性上更接近卡车，但又与船相似，单字编码无法捕获这种关系。

词嵌入也是词的向量表示，它们捕获了词与词之间的关系。下面将说明获取单词嵌入的不同方法。

（1）计数嵌入。

计数嵌入是单词的一种简单向量表示形式，依据的是单词在一段文本中出现的次数。假设有一个包含 n 个唯一性的单词以及 M 条不同记录的数据集，其中每一行是一个单词，每一列是一条记录，为了计算计数嵌入，创建一个 $N \times M$ 矩阵，矩阵中任何位于 (n, m) 处的值为单词 n 在记录 m 中出现的次数。

（2）TF-IDF嵌入。

TF-IDF（Term-Frequency-Inverse Document Frequency）是一种获取文档集合中每个单词重要性的方法。在TF-IDF中，一个单词的重要性与该单词的出现频率同比例增加，但是此重要性被包含该单词的文档数量所抵消，因此有助于调整某些常用单词。换句话说，一个单词的重要性可以通过在训练集中使用一个数据点中单词的频率计算得到。单词重要性的提高和降低取决于其在训练集的其他数据点中出现的情况。

TF-IDF生成的权重包括两个术语。

① 词频（TF）。一个单词在文档中出现的频率，其计算公式如图7.23所示。

$$\text{TF}(w) = \frac{w\text{在一份文档中出现的次数}}{\text{该文档中所有的单词数量}}$$

图 7.23　词频等式

式中，w 是表示单词。

② 逆向文档频率（IDF）。特定单词提供的信息量，其计算公式如图7.24所示。

$$\text{IDF}(w) = \log_e \frac{\text{全部文档数量}}{\text{包含该单词的文档数量}}$$

图 7.24　逆向文档频率等式

权重为两个术语的乘积。在TF-IDF的情况下，用计数嵌入部分中 $N \times M$ 矩阵形式的权重替换单词的计数。

（3）连续词袋嵌入。

连续词袋模型（CBOW）基于神经网络发挥作用。当向神经网络输入一个单词周围单词的One-Hot向量时，连续词袋模型将能预测出该单词。使用window参数选择输入单词的数量。网络只有一个隐藏层，并且网络的输出层使用Softmax激活函数计算概率。各层之间的激活函数是线性的，但是梯度更新方法与普通神经网络相同。

语料库的嵌入矩阵是隐藏层和输出层之间的权重矩阵，因此，该嵌入矩阵的维度是 $N \times H$，其中 N 是语料库中唯一单词的数量，H 是隐藏层节点的数量。由于概率特性和较低的内存需求，CBOW模型效果优于前面讨论的两种方法，如图7.25所示。

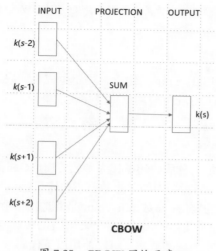

图 7.25 CBOW 网络示意

（4）跳字嵌入。

　　基于神经网络，跳字（Skip-gram）模型可以在给定输入单词的情况下预测其周围的单词。这里输入的是给定单词的One-Hot向量，而输出是其周围单词的概率。输出单词的数量由window参数决定。与CBOW模型相似，此方法使用具有一个隐藏层的神经网络，并且除了输出层（使用Softmax函数）所有激活函数都是线性的。但是，一个与CBOW模型最大的区别是对误差的计算方法：要针对不同的预测单词计算不同的误差，然后将所有误差加在一起得出最终误差。每个单词的误差的计算是用目标的One-Hot向量减去输出的概率向量。

　　跳字嵌入矩阵是输入层和隐藏层之间的权重矩阵，因此，该嵌入矩阵的维度是$H \times N$，其中N是语料库中唯一单词的数量，H是隐藏层节点的数量。对于频率较低的单词，Skip-gram模型效果比CBOW模型好得多，但通常速度较慢，如图7.26所示。

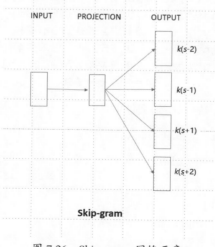

图 7.26　Skip-gram 网络示意

小贴士：对于单词量少但样本量多的数据集，使用CBOW模型；对于单词量多但样本量少的数据集，使用Skip-gram模型。

（5）Word2Vec。

Word2Vec模型是CBOW和Skip-gram的组合，用于生成单词嵌入。Word2Vec便于轻松地获得一个语料库的单词嵌入，使用Gensim库应用该模型并获取单词嵌入，代码如下。

```
model = gensim.models,Word2Vec(tokens, iter=5, size=100, winsow=5, min_
        count=5, workers=10, sg=0)
```

为了训练模型，需要把词汇切分后的句子作为参数传递给Gensim库的Word2Vec类。参数 iter 是要训练的轮次数；参数size是隐藏层中的节点数，它决定了嵌入层的大小；参数window是训练神经网络时要考虑的周围单词的数量；参数min_count是要选用某个单词的最小频率；参数workers 是训练时使用的线程数；参数sg是使用的训练算法，采用CBOW取值为0，采用Skip-gram取值为1。

要获得经过训练的嵌入中唯一词的数量，可以使用以下代码。

```
vocab=list(model.wv.vocab)
len(vocab)
```

在使用这些嵌入之前，需要确保它们正确无误。为此，需要找出相似单词。

```
model.wv.most_similar('fun')
```

输出如图7.27所示。

```
[('entertaining', 0.8260140419006348),
 ('lighten', 0.825722336769104),
 ('laughs', 0.8177958726882935),
 ('enjoy', 0.790296733379364),
 ('enjoyable', 0.78534233357009888),
 ('plenty', 0.7833274602890015),
 ('comedy', 0.7706939578056335),
 ('funny', 0.7564221620559692),
 ('definitely', 0.7507157325744629),
 ('guaranteed', 0.7493278980255127)]
```

图 7.27　相似单词

使用以下代码把单词嵌入内容保存到文件中。

```
model.wv.save_word2vec_format('movie_embedding.txt', binary=False)
```

可以使用下面的函数加载一个预训练的单词嵌入文件。

```
def load_embedding(filename, word_index, num_words, embedding_dim):
    embeddings_index={}
    file=open(fileame, encoding="utf-8")
    for line in file:
        values=line.split()
```

```
        word=values[0]
        coef=np.asarray(values[1:])
        embeddings_index[word]=coef
    file.close()

    embedding_matrix=np.zerosl(num_words, embedding_dim))
    for word, pos in word_index.items():
        if pos >= num_words:
        continue
    print(num_words)
    embedding_vector=embedding_index.get(word)
    if embedding_vector is not None:
        embedding_matrix[pos]=embedding_vector
    return embedding_matrix
```

该函数首先读取（单词）嵌入文件的文件名（filename），获取文件中所有单词的嵌入向量。然后，创建一个由嵌入向量形成的嵌入矩阵。参数num_words限制词汇表的大小，当NLP算法的训练时间过长时该参数很有用；参数word_index是索引词典，其中键（key）为语料库的唯一单词，值（value）为单词的索引；参数embedding_dim是训练时指定的嵌入向量的大小。

 小贴士：有很多非常好用的既有预训练嵌入文件，其中GloVe（https://nlp.stanford.edu/projects/glove/）和fastText（https://fasttext.cc/docs/en/english-vectors.html）最广受欢迎。

练习56：使用 Gensim 创建单词嵌入

在本练习中，将使用Gensim库为IMDB电影评论数据集创建自己的Word2Vec嵌入。接着练习55内容继续执行以下操作步骤。

（1）由于评论变量已从词汇切分形式转换为数值形式，而Gensim的 Word2Vec要求使用字符串形式的词汇切分，因此，需要回到练习55的步骤（6），即把词汇切分转换为句子，代码如下。

```
data['SentimentTent'][0]
```

第一条评论的切分词汇如图7.28所示。

```
[['first',
  'think',
  'another',
  'disney',
  'might',
  'good',
  'kids',
  'watch',
  'help',
```

图 7.28　第一条评论的词汇切分

（2）基于以下代码，使用Pandas的apply()函数将每一行中的列表转换为单个列表。

```
data['SentimentTent'] = data['SentimentTent'].apply(lambda x: x[0])
```

（3）将预处理后的数据输入Word2Vec中创建单词嵌入文件。

```
from gensim.models import Word2Vec
model = Word2Vec(data['SentimentText'], iter=50, size=100, window=5,
        min_count=5, workers=10)
```

（4）通过查看某些相似单词检查模型的性能。

```
model.wv.most_similar('insight')
```

数据集中与insight最相似的单词如图7.29所示。

```
[('insights', 0.7341898679733276),
 ('perspective', 0.7136699557304382),
 ('understanding', 0.6958176493644714),
 ('humanity', 0.6425720453262329),
 ('complexity', 0.6353663206100464),
 ('overwhelming', 0.6318362951278687),
 ('courage', 0.6294285655021667),
 ('ambiguity', 0.6231480836868286),
 ('appreciation', 0.6217454671859741),
 ('importance', 0.6216951012611389)]
```

图 7.29　与 insight 最相似的单词

（5）获得两个单词之间的相似性。

```
model.wv.similarity(w1='violent',w2='brutal')
```

（6）输出两个单词的相似度，如图7.30所示。

```
0.8172468019549712
```

图 7.30　相似度的输出

相似度评分取值为0 ～ 1，其中1表示两个单词相同，0表示两个单词完全不同且不存在任何关联。

（7）在二维空间内绘制嵌入图可以发现哪些单词彼此相似。使用主成分分析（PCA）把嵌入关系转换为二维结构。只绘制前200个单词的相似关系，代码如下。

```
from sklearn.decomposition import PCA
word_limit=200
X=model[model.wv.vocab][: word_limit]
pca=PCA (n_components=2)
result=pca.fit_transform(X)
```

（8）使用Matplotlib在散点图上绘制结果，代码如下。

```
import matplotlib.pyplot as plt
plt.scatter(result[:, 0], result[:, 1])
```

```
words=list(model.wv.vocab)[: word_limit]
for i, word in enumerate(words):
    plt.annotate(word, xy=(result[i, 0], result[i, 1]))
plt.show()
```

绘图输出如图7.31所示。

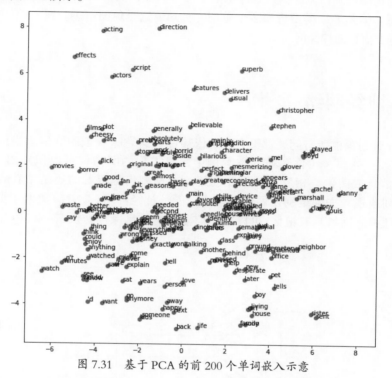

图 7.31　基于 PCA 的前 200 个单词嵌入示意

注释：单词嵌入中坐标轴没有任何含义，仅显示了不同单词的接近程度。

（9）将嵌入内容保存至文件，方便检索。

```
model.wv.save_word2vec_format('movie_embedding_txt', binary=False)
```

此时，创建了第一张单词嵌入表，可以尝试不同的嵌入练习并观察不同单词之间的相似性。

作业 19: 预测电影评论的情感

本作业将尝试预测电影评论的情感。数据集（https://github.com/TrainingByPackt/Data-Science-with-Python/tree/master/Chapter07）包含来自IMDB的25000条电影评论以及情感（正面或负面）。假设场景：您在一家DVD租赁公司工作，该公司必须根据观众的感受预测某部电影要制作的DVD数量。为此，您可以创建一个机器学习模型分析电影评论，掌握电影的受欢迎程度。

（1）读取并预处理电影评论。

（2）创建评论的单词嵌入文件。

（3）创建一个全连通神经网络预测（观影）情感，输入是观影评论的单词嵌入，而输出是1（表示积极情感）或0（表示负面情感）。

由于评论中已删除了停用词和标点符号，因此输出内容有些晦涩难懂，但是仍然可以掌握评论的基本含义。

至此已经成功地创建了第一个NLP模型，该模型的精确度相当低，约为76%。这是因为模型是根据单个词汇预测情感，无法搞清楚评论上下文。例如，模型发现了good一词，就把not good预测为积极情感。但是如果模型查验多个单词，会知道这是负面情感。在7.3节中，将学习如何创建可以保留过去信息的神经网络。

7.3 循环神经网络

到目前为止，讨论的所有问题都没有时间依赖性，这意味着预测既依赖当前的输入，也取决于过去的输入。例如，在狗和猫分类案例中，只需狗的图像就可以识别出所属分类为狗，而不需要其他信息或图像。相反，如果要创建一个预测狗是走着的还是站着的分类器，则需要多张图像序列或视频去确定狗在做什么动作。循环神经网络（RNN）类似于全连网络，唯一的不同点是循环神经网络具有记忆，可以把之前输入的信息保存为状态（States），如图7.32所示。

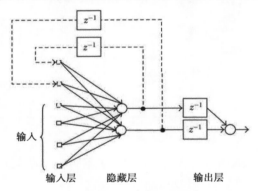

图 7.32　循环神经网络示意

由图7.32可知，隐藏层的输出可以用作下一层的输入，因此可以当作神经网络中记忆单元。一般神经网络的输出是网络的输入和权重的函数，对于这种网络随机输入任何数据点即可得到正确的输出，但循环神经网络并不是如此。对于RNN，输出取决于先前的输入，因此需要以正确的顺序馈入输入，如图7.33所示。

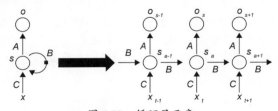

图 7.33　循环层示意

在图 7.33 中，在左侧"折叠"模型中看到一个RNN层。RNN的记忆也称为状态（States）。右侧的"展开"模型显示了RNN网络针对输入序列 $[X_{t-1}, X_t, X_{t+1}]$ 是如何工作的。该模型因应用程序类型而异。例如，在情感分析的案例中，输入序列只需要最后一个输出。关于该问题的展开模型如图7.34所示。

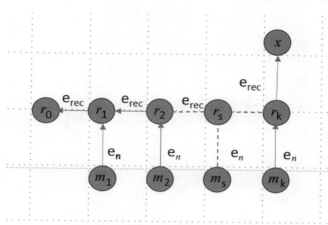

图 7.34　进行情感分析的循环层的展开示意

7.4　长短期记忆网络

长短期记忆（LSTM）单元是一种特殊的RNN单元，能够长期保留信息。Hochreiter和Schmidhuber于1997年提出了长短期记忆。RNN存在梯度消失的问题，长期内检测到的信息会丢失。例如，如果正在对文本进行情感分析，并且第一句话是"我今天很高兴"，文本的其余部分没有任何情感，那么RNN无法很好地检测出文本的情感是高兴。长短期记忆单元通过长期存储某些输入操作解决了这个问题。大多数现实世界中的循环机器学习多基于LSTM。RNN单元和LSTM单元之间的唯一区别是存储状态。每个RNN层均接收记忆状态的输入和记忆状态的输出，而每个LSTM层均把长期记忆和短期记忆作为输入，同时也输出长期记忆和短期记忆。长期存储允许网络可以更长时间保留信息。

在Keras库中应用LSTM单元可以轻松地在模型中添加LSTM层，代码如下。

```
model.add(keras.layers.LSTM(units, activation='tanh', dropout=0.0, recurrent_dropout=0.0, return_sequences=False)
```

上面代码中，参数units是网络层中节点的数量；参数activation是该层使用的激活函数；参数recurrent_dropout和dropout分别是循环状态与输入的舍弃概率；参数return_sequences指定输出是否应包含序列，若想在当前网络层后面使用另一个循环层，将其设置为True。

注释:LSTM几乎总是优于RNN。

练习 57：使用 LSTM 进行情感分析

在本练习中，将使用LSTM单元修改作业19建立的模型。使用与之相同的IMDB电影评论数据集，数据预处理步骤与作业19类似。

（1）在Python中使用Pandas读取IMDB电影评论数据集。

```
import pandas as pd
data = pd.read_csv('../../chapter 7/data/movie_reviews.csv'
encoding='latin-1')
```

（2）将推文转换为小写，减少唯一单词的数量。

```
data.text = data.text.str.lower()
```

（3）使用具有clean_str()函数的RegEx库清洗评论。

```
import re
def clean_str(string):

    string = re.sub(r"https?\://\s+", '', string)
    string = re.sub(r'\<a href', '', string)
    string = re.sub(r'&amp', '', string)
    string = re.sub(r'<br />', '', string)
    string = re.sub(r'[_"\-;%()|+&=*%.,!?!#$@\[\/]]', '', string)
    string = re.sub('\d', '', string)
    string = re.sub(r"can\'t", 'cannot', string)
    string = re.sub(r"it\'s", "it is", string)
    return string
data.SentimentText = data.SentimentText.apply(lambda x: clean_str(str(x)))
```

（4）从评论中删除停用词和其他经常出现的非必要单词，将字符串转换为词汇切分。

```
form nltk.corpus import stopwords
form nltk.tokenize import word_tokenize, sent_tokenize
stop_words = stopwords.words('english') + ['movie', 'film', 'time']
stop_words = set(stop_words)
remove_stop_words = lambda r:[[word for word in word_tokenize(sente) if word
not in stop_words] for sente in sent_tokenize(r)]
data['SentimentText'] = data['SentimentText'].apply(remove_stop_words)
```

（5）把词汇切分组合成一个字符串，然后删除那些剔除停用词后没有任何内容的评论。

```
def combine_text(text):
    try:
        return ' '.join(text[0])
    except:
```

```
        return np.nan
```

```
data.SentimentText = data.SentimentText.apply(lambda x: combine_text(x))
data = data.dropna(how='any')
```

（6）使用Keras库的Tokenizer()函数对评论进行词汇切分，同时将其转换为数值。

```
from keras.preprocessing.text import Tokenizer
tokenizer = Tokenizer(num_words=5000)
tokenizer.fit_on_texts(list(data['SentimentText']))
sequences = tokenizer.texts_to_sequences(data['SentimentText'])
word_index = tokenizer.word_index
```

（7）将推文填充到100个单词的最大长度。这会删除100个单词后面所有的单词；如果单词数少于100个，则将用0补齐。

```
form keras.preprocessing_sequence import pad_sequences
reviews = pad_sequences(sequences, maxlen=100)
```

（8）使用load_embedding()函数加载先前创建的单词嵌入文件，得到嵌入矩阵，代码如下。

```
import numpy as np
def load_embedding(fidename, word_index, num_words, embedding_dim):
    embeddings_index = {}
    file = open(filename, encoding="utf-8")
    for line in file:
        valies=line.split()
        word=values[0]
        coef=np.asarray(values[1:]
        embeddings_index[word]=coef
    file.close()

embedding_matrix=no.zeros((num_words, embedding_dim))
for word, pos in word_index.items():
    if pos>= num_words:
        continue
    embedding_vector=embeddings_index.get(word)
    if embedding_vector is not None:
        embedding_matrix[pos]=embedding_vector
return embedding_matrix

embedding_matrix=load_embedding("movie_embedding.txt", word_index, len(word_index), 16)
```

（9）将数据按80∶20的比例分为训练集和测试集。可以对其进行修改以找到最佳拆分。

```
from sklearn.model_selection import train_test_split
x_train, x_test, y_train, y_test = train_test_split(reviews,pd.get_dummies
(data.Sentiment), test_size=0.2, random_state=9)
```

（10）创建并编译一个具有LSTM层的Keras模型。可以尝试不同的网络层和超参数。

```
from keras.models import Model
foem keras.layers import Input, Dense, Dropout, BatchNormalization, Embedding,
Flatten,LSTM inp = Input((100,))
embedding+layer = Embedding(len(word_index),
                      16,
                      weights = [embedding_matrix],
                      input_length=100,
                      trainable=False)(inp)


model = Dropout(0.10)(embedding_layer)
model = LSTM(128, dropout=0.2)(model)
model = Dense(units=256, activation='relu')(model)
model = Dense(units=64, activation='relu')(model)
model = Dropout(0.3) (model)
predictions = Dense(units=2, activation='softmax')(model)
model = Model(inputs=inp, outputs=predictions)


model.compile(loss='binary_crossentropy', optimizer='sgd', metrics=['acc'])
```

（11）使用以下代码在数据集上训练模型10个单元，以查看其性能是否优于作业19。

```
model.fit(x_train, y_train, validation_data=(x_text, y_text), epochs=10,
batch_size=256)
```

（12）检查LSTM模型的精确度。

```
from sklearn.metrics import accuracy_score
preds = model.predict(x_text)
accuracy_score(np.argmax(preds,1), np.argmax(y_text.values,1))
```

LSTM模型的精确度如图7.35所示。

0.7692

图 7.35 LSTM 模型的精确度

（13）绘制模型的混淆矩阵，可以准确理解模型预测，如图7.36所示。

```
y_actual = pd.Series(np.argmax(y_test.values, axis=1), name='Actual')
y_pred = pd.Series(np.argmax(preds, axis=1), name='Predicted')
pd.crosstab(y_actual, y_pred, margins=True)
```

Predicted	0	1	All
Actual			
0	1922	531	2453
1	623	1924	2547
All	2545	2455	5000

图 7.36 模型的混淆矩阵 (0 = 负面情感，1 = 积极情感)

（14）使用以下代码通过对随机评论进行情感预测，检测模型的性能。

```
review_num = 110
print("Review: \n"+tokenizer.sequences_to_texts([x_text[review_num]])[0])
sentiment = "Positive" if np.argmax(preds[review_num]) else "Negative"
print("\nPredicted sentiment = "+ sentiment)
sentiment = "Positive" if np.argmax(y_text.values[review_num]) else "Negative"
print("\nActual sentiment = "+ sentiment)
```

预测输出如图 7.37 所示。

```
Review:
warning spoilers really stupid group young italy find warrior souls one w
ears becomes possessed spirit demon killing several friends die blade dem
on corpse waste viewers fine young ladies leave clothes gore ludicrous be
st acting terrible perfect bad script

Predicted sentiment = Negative

Actual sentiment = Negative
```

图 7.37 IMDB 数据集中的负面评论

到此已经成功地实现了应用LSTM预测电影评论的情感。这个预测网络比之前创建的网络运行好一些。可以尝试使用不同的网络结构和超参数去提高模型的精确度，也可以使用来自fastText或GloVe的预训练词嵌入文件实现模型精确度的提高。

作业 20：根据推文预测情感

本作业将尝试预测推文的情感。所提供的数据集（https://github.com/TrainingByPackt/Data-Science-with-Python/tree/master/Chapter07）包含 150 万条推文以及情感（积极或负面）。假设场景：您在一家大型消费者机构中工作，该机构最近创建了一个Twitter账户。一些对您公司有不良体验的客户正在Twitter上发表观点，导致该公司的声誉下降。您的任务是识别这些推文，便于公司可以与他们联系并提供更好的支持。因此，您需要创建一个情感预测器，该预测器可以确定一条推文的情感/评论是积极的还是负面的。在把新的情感预测器应用到公司的实际推文之前，要在所提供的推文数据集上进行测试。

（1）读取数据并删除所有不必要的信息。

（2）清洗推文并进行词汇切分，最终把推文转换为数值。

（3）加载GloVe Twitter单词嵌入文件并创建嵌入矩阵（https://nlp.stanford.edu/projects/glove/）。

（4）创建一个LSTM模型预测情感/评论。

至此已经成功创建了一个机器学习模型以预测推文的情感。现在，可以使用Twitter API部署该模型，对推文进行实时情感分析。可以从GloVe和fastText中尝试不同嵌入，查看模型的改良程度。

7.5 本章小结

本章学习了计算机如何理解人类语言。首先，学习了什么是RegEx及其如何帮助数据科学家分析和清洗文本数据。其次，学习了停用词，包括什么是停用词、为什么要把它们从数据中删除。再次，学习了句子的词汇切分及其重要性，然后是单词嵌入。嵌入是第5章探讨的主题，本章学习了如何通过创建单词嵌入来提高NLP模型的性能。为了建立性能更优的模型，我们研究了RNN，一种可以记忆曾经输入的特殊神经网络。最后，我们了解了LSTM单元及其比普通RNN单元更优秀的特性。

完成了本章的学习内容后，读者应该具备处理文本数据以及为NLP创建机器学习模型的能力。第8章将学习如何使用迁移学习和一些小技巧让模型效率更高。

第 *8* 章

一些提示和诀窍

【学习目标】

学完本章，读者能够做到：

- 利用迁移学习快速建立更优良的深度学习模型。
- 借助单独的培训，开发和测试数据集，利用并使用好模型。
- 处理现实生活中的数据集。
- 利用AutoML几乎无须工作量即可找到最佳网络。
- 实现神经网络模型的可视化。
- 学会利用培训日志。

本章将介绍转学的概念，并展示如何有效地使用培训日志。

8.1 引言

我们几乎已经学习了开启数据科学之旅所需的所有主题，下面将介绍数据科学家使用的一些工具和技巧，这可以让工作效率更高并构建更优良的机器学习系统。首先，将学习迁移学习，有助于在缺乏数据的情况下仍能训练模型；其次，将继续学习一些重要的工具和技巧，这是要成为一名更加优秀的数据科学家所需要使用的。

8.2 迁移学习

复杂的神经网络训练所需的数据量很大，因此训练起来既困难又费时。迁移学习可以帮助数据科学家将一个网络获得的部分知识转移到另一个网络中。这类似于人类把知识在人与人之间进行传递，这样就不必每个人每件事都从头开始学习。迁移学习可以帮助数据科学家以更少的数据点和更快的速度训练神经网络。根据实际情况，共有两种进行迁移学习的方法，具体如下。

（1）使用预训练模型。这种方法基于预训练的神经网络模型解决当前的问题。预训练模型所要解决的问题与当前问题不同，它已经在其他数据集上进行了训练。为了得到合理的精确度，预训练模型必须在类似或相同的数据集上进行训练。

（2）新建模型。这种方法是在与当前问题类似的数据集上训练神经网络模型。使用此模型的步骤与预训练模型方法相同。当实际数据集很小且无法新建一个满意的模型时，这种方法很有用。

正如第6章中所述，神经网络的不同层学习图像的不同特征。例如，第一层可能学会识别水平线，而后面的几层网络可能学会识别眼睛。这就是迁移学习适用于处理图像的原因，特征提取器可用于从相同分布的新图像中提取信息。

下面尽量通过如图8.1所示的内容了解迁移学习。其中，原始数据集训练过要从中转移知识的网络。

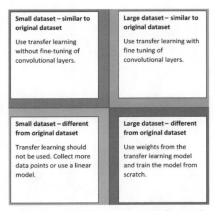

图 8.1　在不同条件下进行迁移学习的步骤

图8.1中的4个区域内容如下。

（1）小型数据集（与原始数据集类似）。这是最常见的情况，此时迁移学习很有用。由于当前数据集与曾经训练过预训练模型的数据集相似，可以使用预训练模型中的网络层，且仅根据问题的类型改变最终的密集层即可。

（2）大型数据集（与原始数据集类似）。这是最理想的情况。由于有可用的数据，建议从头开始训练模型，并且为了加快学习速度，可以把预训练模型中的权重用于训练初始点。

（3）小型数据集（与原始数据集不同）。对迁移学习和深度学习而言，这是最糟糕的情况。此时，唯一的解决方案是找到一个跟当前数据集类似的数据集去训练模型，然后再使用迁移学习。

（4）大型数据集（与原始数据集不同）。由于数据集规模较大，可以从头开始训练模型。虽然为了使训练更快，可以将预训练模型的权重作为起点，但是不建议这样做。

迁移学习仅对两种类型的数据集有效，即图像数据集和自然语言（文本数据）数据集。在第7章介绍的单词嵌入是迁移学习的一个例子。下面将学习如何使用迁移学习处理图像数据。

一个加载预训练模型，学习如何处理数据集与预训练模型的类似时的两种情况。使用Keras库加载Inception模型，代码如下。

```
import keras
base_model = keras.applications.inception_v3.InceptionV3(include_top=False,
weights='imagenet')
```

代码中，include_top = False删除网络的第一个完全连接层，使得我们可以输入所需要的任意尺寸的图像，而不必依赖原始数据集的图像尺寸，weights ='imagenet'确保已加载了预训练的权重。如果没有向参数weights赋值，则参数weights的初始值是随机的。 Inception模型是对现有卷积神经网络（CNN）分类器的巨大改进。在Inception出现之前，最好的模型只是通过多个卷积层的堆叠使模型性能进一步提高；另外，在精确度和预测耗时方面应用了很多技巧来提升性能，操作复杂，如图8.2所示。

Inception module with dimension reductions

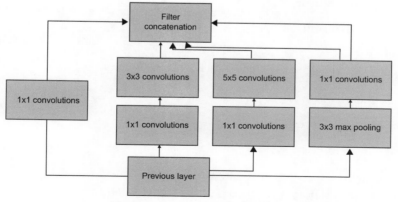

图 8.2　Inception 网络的单个单元

要研究的第一种情况是与原始数据集相似的小型数据集。在这种情况下，需要先冻结预训练模型的各层。为此，只需让这个基本模型的所有层均不接受训练，代码如下。

```
for layer in base_model.layers:
    layer.trainable = False
```

另一种情况是与原始数据集相似的大型数据集。在这种情况下，需要把预训练的权重作为初始点来训练模型，不做任何修改，只是简单地对整个模型进行训练。根据问题内容，这个模型就是base_model和密集层的组合。例如，如果是一个二分类问题，所需模型最终密集层有两个输出。在这种情况下，为了进行更快速的训练，要做的另一件事是冻结前几层的权重。冻结前几层是很有帮助的，因为这些层学习简单的维度，可以应用于任何类型的问题。使用以下代码冻结Keras库中的前5层。

```
for layer in base_model.layers[:5]:
    layer.trainable = False
```

练习 58：使用 InceptionV3 对图像进行比较和分类

在本练习中，将使用Keras库提供的InceptionV3模型对猫和狗进行分类，使用与第6章中相同的数据集（https://github.com/TrainingByPackt/Data-Science-with-Python/tree/master/Chapter08）并对比输出结果。我们将冻结Inception卷积层，这样就不必重新训练了。

（1）创建函数以通过文件名读取图像和标签。此处，PATH变量为训练数据集的路径。

```
from PIL import Image
def get_input(file):
    return Image.open(PATH+file)
def get_output(file):
    class_label = file.split('.')[0]
    if class_label == 'dog':label_vector = [1,0]
    elif class_label == 'cat':label_vector = [0,1]
    return label_vector
```

（2）设置图像的大小和通道。

```
SIZE = 200
CHANNELS = 3
```

（3）构建函数预处理图像。

```
def preprocess_input(image):

    #Data preprocessing
    image=image.resize((SIZE,SIZE))
    image=np.array(image).reshape(SIZE,SIZE,CHANNELS)

    #Normalize image
```

```
        image=image/255.0

    return image
```

（4）创建一个生成器函数，用于读取图像和标签，并处理图像。

```
import numpy as np
def custom_image_generator(images, batch_size=128):
    while True:
        # Randomly select images for the batch
        batch_images=np.random.choice(images, size=batch_size)
        batch_input=[]
        batch_output=[]

        #Read image, perform preprocessing and get labels
        for file in batch_images:
            # Function that reads and returns the image
            input_image=get_input(file)
            # Function that gets the label of the image
            label=get_output(file)
            # Function that pre-processes and augments the image
            image=preprocess_input(input_image)

            batch_input.append(image)
            batch_output.append(label)

        batch_x=np.array(batch_input)
        batch_y=np.array(batch_output)

        # Return a tuple of (images, labels) to feed the network
        yield(batch_x, batch_y)
```

（5）读取验证数据。创建一个函数来读取图像和标签。

```
from tqdm import tqdm
def get_data(files):
    data_image=[]
    labels=[]
    for image in tqdm(files):
        label_vector=get_output(image)

        img=Image.open(PATH+image)
        img=img.resize((SIZE,SIZE))
```

```
            labels.append(labei_vector)
            img=np.asarray(img).reshape(SIZE,SIZE,CHANNELS)
            img=img/255.0
            data_imge,append(img)

    data_x=np.array(data_image)
    data_y=np.array(labels)

    return (data_x, data_y)
```

（6）阅读验证文件。

```
from random import shuffle
files = os.listdir(PATH)
random.shuffle(files)
train=files[:7000]
test=files[7000:]
validation_data=get_data(test)
```

（7）绘制数据集中的少量图像，核查是否正确加载了验证文件。

```
import matplotlib.pyplot as plt
plt.figure(figsize=(20,10))
columns=5
for i in range(columns):
    plt.subplot(5 / columns+1, columns, i+1)
    plt.imshow(validation_data[0][i])
```

样本图像如图8.3所示。

图 8.3　加载数据集中的样本图像

（8）加载Inception模型并传递输入图像的维度。

```
from keras.applications.inception_v3 import InceptionV3
base_model=InceptionV3(weights='imagenet', include_top=False, input_
shape=(200,200,3))
```

（9）冻结Inception模型网络层，不参加训练。

```
for layer in base_model.layers:
    layer.trainable=False
```

（10）根据问题添加输出密集层。这里的keep_prob是训练期间节点的保留比率，因此，舍弃率为1-keep_prob。

```
from keras.layers import GlobalAveragePooling2D, Dense, Dropout
from keras.model import Model
x=base_model.output
x=GlobalAveragePooling2D()(x)
x=Dense(256, activation='relu')(x)
keep_prob=0.5
x=Dropout(rate=1-keep_prob)(x)
predictions=Dense(2,activation='softmax')(x)

model=Model(inputs=base_model.input, output=predictions)
```

（11）编译模型，为模型训练做准备。

```
model compile(loss='categorical_crossentropy',
              optimizer='adam',
              metrics=['accuracy'])
```

然后进行模型训练。

```
EPOCHS=5
BATCH_SIZE=128

model_details=model.fit_generator(custom_image_generator(train, batch_size=BATCH_SIZE),
              steps_per_epoch=len(train)//BATCH_SIZE,
              epochs=EPOCHS,
              validation_data=validation_data,
              verbose=1)
```

（12）评估模型，输出精确度，如图8.4所示。

```
score = model.evaluate(validation_data[0],validation_data[1])
print("Accuracy:{0:.2f}%".format(score[1]*100))
```

输出的精确度如下。

Accuracy: 97.83%

图 8.4　模型的精确度

可见，该模型的精确度约为97.8%，远高于在第6章中得到的73%的精确度。可以试用附加到Inception模型的模型，以查看是否可以提高精确度。可以绘制出错误预测的图像，以了解模型的性能。

```
y_pred=model.predict(validation_data[0])
incorrect_indices=np.nonzero(np.argmax(y_pred,axis=1)!=np.argmax(validation_data[1],axis=1))[0]
```

```
labels=['dog', 'cat']
image=5
plt.imshow(validation_data[0][incorrect_indices[image]].reshape(SIZE,SIZE,
CHANNELS),cmap=plt.get_cmap('gray'))
plt.show()
print("Prediction:{0}".format(labels[np.argmax(y_pred[incorrect_
indices[image]])]))
```

预测错误的图像如图8.5所示。

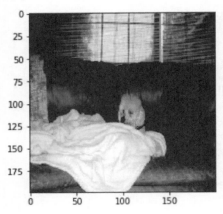

Prediction: cat

图 8.5　错误预测的示例

作业 21: 使用 InceptionV3 对图像进行分类

在本作业中，将利用Keras库提供的InceptionV3模型对猫和狗进行分类。所用的数据集与第6章相同，并比较输出结果。这里将训练整个模型，以Inception预训练模型中已有权重为初始点。这与练习58内容类似，除了没有冻结层。

（1）创建一个获取图像和标签的生成器。

（2）创建一个获取图像和标签的函数，然后创建一个函数预处理图像并对其进行放大。

（3）加载验证数据集，该数据集不会进行数据增强。

（4）加载Inception模型并向其添加最终的密集层，训练整个网络。

可以发现该模型的输出精确度为95.4%，远高于第6章获得的73%的精确度。

本作业的代码与练习58类似，但是该代码中没有冻结层。可以肯定的是，该模型得益于用Inception模型的权重为起点。可以绘制错误的预测图像，以更好地了解模型的性能。

```
y_pred=model.predict(validation_data[0])
incorrect_indices=np.nonzero(np.argmax(y_pred,axis=1) !=np.argmax(validation_
data[1], axis=1))[0]
labels=['dog', 'cat']
image=5
```

```
plt.imshow(validation_data[0][incorrect_indices[image]].reshape(SIZE,SIZE,CHANNELS),
cmap=plt.get_cmap('gray'))
plt.show()
print("Prediction:{0}".format(labels[np.argmax(y_pred[incorrect_
indices[image]])]))
```

错误预测的图像如图8.6所示。

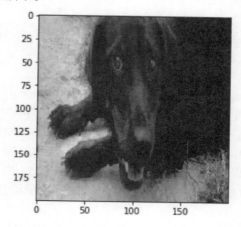

Prediction: cat

图 8.6　由数据集错误预测的示例

8.3　一些有用的工具和技巧

本节将学习数据集不同分割的重要性。之后，将学习一些技巧，这在处理未处理过的数据集时非常有用。然后介绍一些工具，如数据预览分析工具和可视化结构管理工具等，可以提供直接明了的信息简化我们的工作。

我们还将学习AutoML以及如何在无须大量人工作业的情况下应用其获得高性能模型。最后，将Keras模型进行可视化以及把模型图导出到文件中。

1. 训练集、开发集和测试集

在前面的章节中，简要介绍了训练集、开发集和测试集。本节将深入探讨这个主题。

训练集是数据集中的一个样本数据，用来构建机器学习模型。开发集（也可称为验证集）是一个可以调整已建模型超参数的样本数据。测试集是用来最终评估模型的样本数据。完全具备3个数据集对于模型开发来说很重要。

（1）数据集的分布。

开发集和测试集应服从相同分布，且能够代表模型未来应用的数据集。如果分布不同，那么未来模型将被调参形成一个模型没有见过的分布，这会影响已部署模型的性能。如果训练集和测试集/开发集之间的分布有差异，模型运行性能可能会很差。为了解决这个问题，可以从测试集/开发集中抽取一些数据点引入训练集中，务必保证原始图像在各自的图像集中占据主导地位，以避免错误预测的出现。

如果训练集与开发集的分布不同，将无法确定模型是否出现过度拟合；在这种情况下应引入新的训练集检查模型是否过度拟合。训练集和开发集的分布必须相同。如果开发集和训练集的误差特别大，那么数据存在不匹配的问题，此时必须进行人工分析，并且在大多数情况下将需要收集更多的数据点。

注释：开发集与验证集相同，有时将其称为测试集，这仅仅是为了帮助您入门。还应注意到我们仅在训练集上训练模型。

（2）集合的大小。

训练集、开发集、测试集的大小应根据数据集的总体大小确定。如果数据集规模为10000个数据点，那么按60%、20%和20%的比例分割数据模型表现较好，这是因为测试集和开发集的数据点足够多，可以准确地估量模型的性能。另外，如果数据集有1000000个数据点，按98%、1%和1%的比例分割数据足够用，这是因为10000个数据点足以估量模型的性能。

3组数据的样本数据应保持不变，这样便于在同一环境下评估所有模型。为此，可以在创建随机样本时设置"种子"，有助于在每次实验时获得相同的数据随机分割。

2. 处理未加工的数据集

当开始处理更复杂和加工较少的数据集时，会发现大多数情况下这些数据集都不具备创建一个满意的模型所需的所有数据。为了解决这个问题，需要发现可以帮助创建优良模型的外部数据集。能使用的补充数据可以是以下两种类型。

（1）更多同样数据的数据点。当模型因为数据集较小而发生过度拟合时，这种补充数据将很有用。如果无法获得更多的数据点，那么可以使用更简单的模型——网络层较少的神经网络或线性模型。

（2）不同来源的其他数据。有时数据集会缺失部分数据，例如，数据集中列出的市区、国家或国家的宏观经济因素，如GDP和人均收入等，这些数据可以在Internet上轻松找到，可以用于改进创建的模型。

最佳做法是始终从探索性数据分析（EDA）开始。EDA有助于深入了解数据，可以确定最佳模型以及可用于机器学习的变量。EDA另一个重要的作用是检查数据是否有异常，确保我们使用的数据集没有任何错误。EDA的结果可以与利益相关者共享，确保数据的有效性。在项目进行中，数据科学家可能需要对EDA步骤进行多次探讨。

另一个是关于模型的应用。搞清楚模型再决定进行实时处理还是批处理是非常重要的，这有助于选择相应的工具和模型。例如，如果优先考虑实时处理，那么可能要使用一个在1s内生成输出结果的模型；如果应用程序需要批处理，那么可以使用复杂的神经网络模型，而这样的模型需要几秒才能生成结果。

接下来，将深入学习培训处理超参数调整方面完美操作。在将数据分为训练集和测试集之前，务必先对数据进行随机排序，这有利于更快收敛。Keras库的fit()函数有一个参数，称为shuffle，该参数赋值为布尔型，若要在每个训练轮次/周期之前对训练数据进行随机排序，则可以将其设置为True。另一个需要记住的重要参数是随机数种子，这个参数有助于在随机排序和拆分的情况下产生可重复的结果。使用以下代码为Keras设置随机种子。

```
from.numpy.random import seed
seed(1)
from tensorflow import set_random_seed
set_random_seed(1)
```

前两行为NumPy设置随机种子，后两行为TensorFlow设置种子，TensorFlow是后端Keras所用。

如果使用大型数据集，则从数据子集开始创建模型，尝试令网络以更深或更复杂的方式过度拟合此模型。可以使用正则化来避免模型过度拟合数据。当对模型有信心时，使用完整的训练数据，调整所创建的模型以改善模型的性能。

舍弃（Dropout）是一个非常强大的正则化器。因为最佳的舍弃率会因数据集而变化，所以可以尝试不同的舍弃率。若舍弃率太低，则模型没有任何效果。若舍弃率太高，则模型将开始欠拟合。舍弃率取值通常为20%～50%。

学习率是一个很重要的超参数。学习率较高将导致模型越过最优解，而学习率较低将导致模型学习非常缓慢。如第5章所述，可以从较高的学习率开始，经过几步后降低学习率。

由于步长减小可以防止模型越过最优解，可以让我们更快地达到最优点。为了降低学习率，可以使用Keras库的ReduceLROnPlateau()回调函数。如果特定的指标停止改进，则回调函数通过预定义因子降低学习率。

```
from keras.callbacks import ReduceLROnPlateau
ReduceLROnPlateau(monitor='val_loss', factor=0.1, patience=10, min_delta=0.0001, min_lr=0)
```

在上面代码中，把被监测的量传递给monitor参数。

（1）factor为学习率降低因子，新的学习率等于学习率乘以该因子。

（2）patience为学习率变化之前回调函数需要等待的轮次/周期。

（3）min_delta为根据测量标准衡量模型改进情况的阈值。

（4）min_lr为学习率的下限。

注释： 要进一步了解数据集，可参阅https://keras.io/callbacks/#reducelronplateau上的文档。

3. Pandas 预览分析

在最初的章节中，学习了不同的数据集结构化的方法。在面对结构化数据创建模型时，EDA发挥了重要作用。进行EDA操作的步骤很少改变，如空值识别、相关性分析和计算唯一值等，因此最好创建一个无须编写大量代码即可完成所有操作的函数。Pandas预览分析就可以实现获取数据框中的数据并对其进行分析，在交互式输出中显示结果的目标。

相关信息列输出如下。

（1）概要信息（Essentials）。包含变量类型、唯一值和缺失值的相关信息。

（2）分位数统计（Quantile Statistics）。包含最小值、Q1、中位数、Q3、最大值、范围和四分位距的有关信息。

（3）描述性统计（Descriptive Statistics）。包含平均值、众数、标准差、和、绝对中位数和变异系数的有关信息。

（4）最频繁出现值（Most Frequent Values）。包含最常用值计数和频率百分比的有关信息。

（5）直方图/柱状图。包含数据集不同特征值的频率图信息。

（6）相关性（Correlations）。高亮显示相关变量，建议将其删除。

应用Pandas预览分析，只需向pandas_profiling对象传递数据框即可。代码如下。

```
import pandas_profiling
pandas_profiling_ProfileReport(df)
```

第5章中研究的电信用户流失数据集的Pandas预览分析输出的部分内容如图8.7所示。

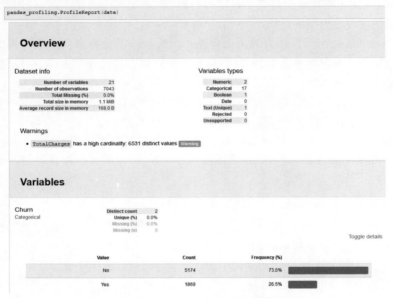

图 8.7　Pandas 预览分析输出的屏幕截图

4. 张量板

可视化张量板（TensorBoard）是一个Web应用程序，可用于查看训练日志并将模型的精确度和损耗指标可视化。它最初是配合于张量流使用而创建的，但是可以通过Keras库中的TensorBoard()回调函数使用TensorBoard。

（1）创建Keras回调进行可视化操作，代码如下。

```
import keras
keras,callbacks.TensorBoard(log_dir='./logs',update_freq='epoch')
```

（2）记住指定的日志目录，稍后将会用到。可以对update-freq取值为批次、轮次/周期或一个整数，指的是日志的写入频率。启动张量板，打开一个终端并运行以下代码。

```
tensorboard --logdir logs --port 6607
```

（3）开始训练模型。不要忘记把回调传递给fit()函数。张量板的第一个选项卡显示模型的训练日志，可以在日志文件夹中创建多个文件夹，也可以在同一张图表上对不同模型的日志进行比较分析，如图8.8所示。

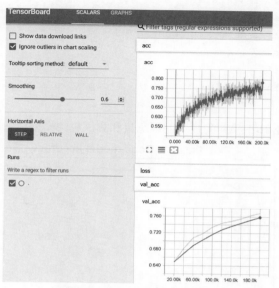

图 8.8　TensorBoard 显示板

在第二个选项卡中可以对已创建的模型进行可视化。如图8.9所示为在第7章作业19中创建的模型。

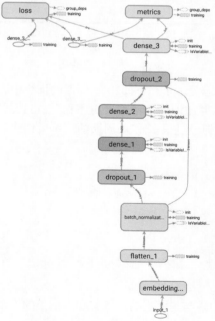

图 8.9　由 Keras 库解释的模型

在Jupyter笔记本中，另一种训练日志可视化的方法是使用Matplotlib，代码如下。

```
import matplotlib.pyplot as plt
plt.plot(model_details.history['acc'])
plt.plot(model_details.history['val_acc'])
plt.title('Cats vs.Dogs model accuracy)
plt.ylabel('Accuracy')
plt.xlabel('Epoch')
plt.legend(['Train set', Dev set'], loc='upper left')
plt.show()
```

如图8.10所示为作业21中猫与狗模型的训练集和测试集的模型精确度日志。

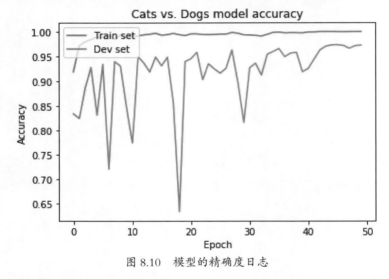

图 8.10 模型的精确度日志

如图8.10所示的精确度日志显示了在不同轮次/周期的训练中，训练集和开发集的精确度是如何改进的。可见，开发集精确度比训练集精确度更不稳定，这是因为该模型见过这些样本数据，初始阶段这种波动性会很高，但经过很多轮次/周期的训练后创建一个稳健的模型时，精确度的波动性就会下降。

```
plt.plot(model_details.history['loss'])
plt.plot(model_details.history['val_loss'])
plt.title('Cats vs. Dogs model loss')
plt.ylabel('Loss')
plt.xlabel('Epoch')
plt.legend(['Train set', 'Test set'], loc='upper left')
plt.show()
```

如图8.11所示为作业21中猫与狗模型的训练集和测试集的模型损失日志。

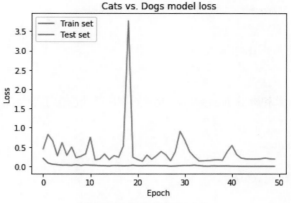

图 8.11　模型的损失日志

与精确度日志类似，图8.11所示的损失日志显示了在不同训练时期训练集和开发集的损失如何减少的。在第19个轮次/周期附近的峰值表明创建了一个非常糟糕的过度拟合模型，但最终该模型开始稳定下来，并且在开发集上也得到了更好的结果。

如果仅关注模型日志，则可以在培训结束后使用前面提供的代码绘制出模型日志。但是，如果正在进行长时间的模型训练，那么使用张量板是明智的选择，因为它提供了训练损失和精确度的实时图。

8.4　自动机器学习

到目前为止，我们已经创建了多个神经网络模型，已经知道创建性能良好的网络有以下两个主要组成部分。

（1）神经网络的结构。

（2）神经网络的超参数。

根据问题内容，需要数十次迭代才能得到最佳可能网络。在创建网络结构过程中我们一直是手动调整超参数，而AutoML可以代替手动操作，为当前数据集搜索最佳的网络和参数。Auto-Keras是一个开源库，可以在Keras库上实现AutoML。下面借助一个练习学习如何使用Auto-Keras库。

练习 59：使用 Auto-Keras 库建立性能优良的网络

本练习将利用Auto-Keras库为猫—狗数据集搜索最佳的网络和参数（https://github.com/TrainingByPackt/Data-Science-with-Python/tree / master / Chapter08）。

（1）创建一个加载图像标签的函数。

```
def get_label(file):
    class_label = file.split('.')[0]
    if class_label == 'dog': label_vector =0
```

```
    elif class_label == 'cat': label_vector =1
    return label_vector
```

（2）设置SIZE，即正方形图像输入的尺寸。

```
SIZE=50
```

（3）创建一个读取图像和标签的函数。在此，PATH变量包含了训练集的路径。

```
import os
from PIL import Image
import numpy as np
from random import shuffle
def get_data():
    data=[]
    files=os.listdir(PATH)
for image in tqdm(files):
    label_vector=get_label(image)
    img=Image open(PATH+ image).convert('L')
    img = img. resize((SIZE, SIZE))
    data.append([np. asarray(img)(np array(label_vector)])
shuffle(data)
return data
```

（4）加载数据并将其拆分为训练集和测试集。

```
data = get_data()
train = data[:7000]
test = data[7000:]
x_train =[data[0] for data in train]
y_train =[data[1] for data in train]
x_test=[data[0] for data in test]
y_test =[data[1] for data in test]
x_train = np.array(x_train). reshape(-1, SIZE, SIZE, 1)
x_test = np.array(x_ test). reshape(-1, SlZE, SIZE, 1)
```

（5）由AutoML开始训练模型。

用训练时间为Auto-Keras库创建一个数组，当达到指定的时间时，将终止寻找最佳模型。

```
TRAINING_TIME = 60*60*1#1 hour
```

我们将给模型1h的时间，以寻找最好的方法。

（6）使用Auto-Keras库创建图像分类器模型，并在步骤（5）中指定的时间内进行训练。

```
import autokeras as ak
model=ak.ImageClassifier(verbose=True)
model.fit(x_train, y_train, time_limit=TRAINING_TIME)
model.final_fit(x_train, y_train, x_test, y_test, retrain=True)
```

（7）输出如图8.12所示。

```
Saving Directory: /tmp/autokeras_SXTBBX
Preprocessing the images.
Preprocessing finished.

Initializing search.
Initialization finished.


+------------------------------------------------------+
|                  Training model 0                    |
+------------------------------------------------------+

No loss decrease after 5 epochs.


Saving model.
+------------------------------------------------------------------------+
|   Model ID    |         Loss          |      Metric Value       |
+------------------------------------------------------------------------+
|      0        |   2.409887635707855   |   0.6744000000000001    |
+------------------------------------------------------------------------+


+------------------------------------------------------+
|                  Training model 1                    |
+------------------------------------------------------+
Epoch-1, Current Metric - 0:  39%|███████        | 20/51 [04:51<05:04,  9.81s/
batch]Time is out.
```

图 8.12 图像分类器模型

（8）保存模型以便以后再用。

```
model.export_autokeras_model("model.h5")
```

（9）加载训练后的模型并进行预测。

```
from autokeras.utils import pickle_from_file
model = pickle_from_file("model. h5")
predictions = model.predict(x_test)
```

（10）评估Auto-Keras库创建模型的精确度。

```
score = model.evaluate(x_test, y_test)
print("\nScore:{}".format(score))
```

（11）模型的精确度如图8.13所示。

Score: 0.7186

图 8.13 模型输出精确度

（12）成功地利用Auto-Keras库创建了一个图像分类器检测所提供的图像是猫还是狗。运行1h后，该模型精确度为72%，明显优于第6章作业22中创建的精确度为73%的模型。这表明AutoML功能强大，但有时无法在可接受的时间范围内得到较好的输出。

8.5 使用 Keras 库进行模型可视化

到目前为止，我们已经创建了一大堆神经网络模型，但是还没有对任意一个模型进行可视化。Keras库有一个非常方便、实用的函数，可以绘制出任何模型。画图之前首先要定义模型，使用第

6章中创建的模型，代码如下。

```
model Sequential()

model.add(Conv2D(48,(3,3) activation='relu', padding='same', input_shape=(50,50,1)))
model.add(Conv2D(48,(3,3), activation='relu'))
model.add(MaxPool2D(pool_size=(2,2)))
model.add(BatchNormalization())
model.add(Dropout(0,10))

model.add(Flatten())

model.add(Dense(512, activation='relu'))
model.add(Dropout(0,5))

model.add(Dense(2, activation='softmax'))

model summary()
```

然后，使用plot_model()函数将模型另存为图像，代码如下。

```
from keras.utils import plot_model
plot_model(model, t_file='model.png', show_shapes=True)
```

参数show_shapes设定了可视化输入和输出的图层维度，保存的图像如图8.14所示。

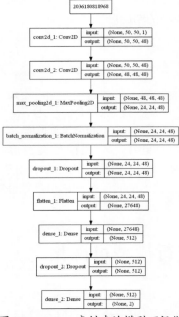

图 8.14　Keras 库创建的模型可视化

作业22：使用迁移学习预测图像

创建一个项目，基于该项目进行迁移学习，预测给定图像是狗还是猫。采用的基准模型是InceptionV3，微调该模型以适用我们的数据集，并修改模型以分辨猫和狗。我们将使用TensorBoard实时监控训练指标，并使用本章中探讨效果最好的实践操作，确保结果可重复。

（1）重复作业21中步骤（1）所做的所有操作。

（2）加载没有进行增强操作的开发集和测试集。

（3）加载Inception模型并向其中添加最终的密集层，训练整个网络。

（4）利用所有可用的回调。

（5）使用TensorBoard对训练进行可视化。

可以使用以下代码绘制出错误预测的图像，了解模型的性能。

```
y_pred=model predict(test_data[0])

incorrect_indices = np.nonzero(np.argmax(y_pred, axis=1)!=np.argmax(test_data[1],
axis=1))[0]
labels =['dog', 'cat']
image = 5
plt.imshow(test_data[0][incorrect_indices[image]].reshape(SIZE, SIZE CHANNELS),
cmap=plt.get_cmap('gray'))
plt.show()
print("Prediction:{0}".format(labels[np.argmax(y_pred[incorrect_indices[image]])]))
```

错误预测的图像如图8.15所示。

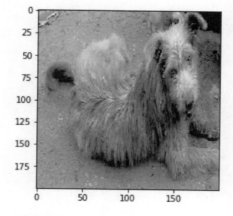

Prediction: cat

图8.15　错误预测的样本

8.6　本章小结

　　本章介绍了迁移学习，并利用它更快地创建深度学习模型；学习了单独的训练集、开发集和测试集的重要性，以及关于处理现实生活中未加工的数据集；讨论了什么是AutoML，以及如何几乎无须工作就能找到最佳网络；学习了如何可视化神经网络模型和训练日志等。完成了本章的学习后，读者应该可以处理任何类型的数据以创建机器学习模型。

　　最后，完成本书的学习后，读者应该对数据科学的概念有了深刻的理解，并且应该能够使用Python语言结合学到的知识，包括预处理、数据可视化、图像增强和人类语言处理等，处理不同的数据集，以解决各种业务案例问题。

附　录

为了给本书的读者提供参考，附录部分给出了前面各章节重要习题的详细解答方案和代码。

作业 1：使用银行营销订阅数据集进行预处理

对银行营销订阅数据集执行各种预处理任务，把数据集分为训练集和测试集。按照以下步骤完成作业。

（1）打开 Jupyter 笔记本，添加一个新单元以导入Pandas库并将数据集加载到Pandas数据框中，然后使用 pd.read_csv()函数，代码如下。

```
import pandas as pd
Link = 'https://github.com/TrainingByPackt/Data-Science-with-Python/blob/
master/Chapter01/Data/Banking_Marketing.csv'

#reading the data into the dataframe into the object data
df = pd.read_csv(Link, header=0)
```

（2）查找数据集中的行数和列数，代码如下。

```
#Finding number of rows and columns
print("Number of rows and columns : ",df.shape)
```

结果输出如下。

```
Number of rows and columns:(41199,21)
```

（3）输出所有列的列名，代码如下。

```
#Printing all the columns
print(list(df.columns))
```

结果输出如下。

```
['age', 'job', 'marital', 'education', 'default', 'housing', 'loan', 'contact', 'month', 'day
_of_week', 'duration', 'campaign', 'pdays', 'previous', 'poutcome', 'emp_var_rate', 'cons_pri
ce_idx', 'cons_conf_idx', 'euribor3m', 'nr_employed', 'y']
```

（4）概述每列的基本统计信息，如计数、均值、中位数、标准差、最小值、最大值等，代码如下。

```
#Basic Statistics of each column
df.describe().transpose()
```

结果输出如下。

	count	mean	std	min	25%	50%	75%	max
age	41197.0	40.023812	10.434966	1.000	32.000	38.000	47.000	104.000
duration	41192.0	258.274762	259.270089	0.000	102.000	180.000	319.000	4918.000
campaign	41199.0	2.567514	2.769719	1.000	1.000	2.000	3.000	56.000
pdays	41199.0	962.485206	186.886905	0.000	999.000	999.000	999.000	999.000
previous	41199.0	0.172941	0.494859	0.000	0.000	0.000	0.000	7.000
emp_var_rate	41199.0	0.081900	1.570971	-3.400	-1.800	1.100	1.400	1.400
cons_price_idx	41199.0	93.575650	0.578845	92.201	93.075	93.749	93.994	94.767
cons_conf_idx	41199.0	-40.502002	4.628524	-50.800	-42.700	-41.800	-36.400	-26.900
euribor3m	41199.0	3.621336	1.734431	0.634	1.344	4.857	4.961	5.045
nr_employed	41199.0	5167.036455	72.249592	4963.600	5099.100	5191.000	5228.100	5228.100
y	41199.0	0.112648	0.316166	0.000	0.000	0.000	0.000	1.000

（5）输出每列的基本信息，代码如下。

```
#Basic Information of each column
print(df.info())
```

结果输出如下。

```
<class 'pandas.core.frame.DataFrame'>
RangeIndex: 41199 entries, 0 to 41198
Data columns (total 21 columns):
age               41197 non-null float64
job               41199 non-null object
marital           41199 non-null object
education         41199 non-null object
default           41199 non-null object
housing           41199 non-null object
loan              41199 non-null object
contact           41193 non-null object
month             41199 non-null object
day_of_week       41199 non-null object
duration          41192 non-null float64
campaign          41199 non-null int64
pdays             41199 non-null int64
previous          41199 non-null int64
poutcome          41199 non-null object
emp_var_rate      41199 non-null float64
cons_price_idx    41199 non-null float64
cons_conf_idx     41199 non-null float64
euribor3m         41199 non-null float64
nr_employed       41199 non-null float64
y                 41199 non-null int64
dtypes: float64(7), int64(4), object(10)
memory usage: 6.6+ MB
```

从输出中可以看到，没有任何列包含缺失值。另外，结果中列出了每列的类型。

（6）检查缺失值和每个功能的类型，代码如下。

```
#finding the data types of each column and checking for null
```

```
null_ = df.isna().any()
dtypes = df.dtypes
sum_na_ = df.isna().sum()
info = pd.concat([null_,sum_na_,dtypes],axis = 1,keys = ['isNullExist','NullSum',
'type'])
info
```

结果输出如下。

	isNullExist	NullSum	type
age	True	2	float64
job	False	0	object
marital	False	0	object
education	False	0	object
default	False	0	object
housing	False	0	object
loan	False	0	object
contact	True	6	object
month	False	0	object
day_of_week	False	0	object
duration	True	7	float64
campaign	False	0	int64
pdays	False	0	int64
previous	False	0	int64
poutcome	False	0	object
emp_var_rate	False	0	float64
cons_price_idx	False	0	float64
cons_conf_idx	False	0	float64
euribor3m	False	0	float64
nr_employed	False	0	float64
y	False	0	int64

（7）由于已将数据集加载到数据对象中，因此将从数据集中删除缺失值，代码如下。

```
#removing Null values
df = df.dropna()
#Total number of null in each column
print(df.isna().sum())# No NA
```

结果输出如下。

```
age                0
job                0
marital            0
education          0
default            0
housing            0
loan               0
contact            0
month              0
day_of_week        0
duration           0
campaign           0
pdays              0
previous           0
poutcome           0
emp_var_rate       0
cons_price_idx     0
cons_conf_idx      0
euribor3m          0
nr_employed        0
y                  0
```

（8）检查数据集education的频数分布。使用value_counts()函数来实现，代码如下。

```
df.education.value_counts()
```

结果输出如下。

```
university.degree      12167
high.school             9516
basic.9y                6045
professional.course     5242
basic.4y                4176
basic.6y                2292
unknown                 1731
illiterate                18
Name: education, dtype: int64
```

（9）从步骤（8）的输出可以看到，数据集的education列具有许多类别，需要减少类别以进行更好的建模。检查education列中的各种类别需使用unique()函数，输入以下代码以实现此目的。

```
df.education.unique()
```

结果输出如下。

```
array(['basic.4y', 'unknown', 'university.degree', 'high.school',
       'basic.9y', 'professional.course', 'basic.6y', 'illiterate'],
      dtype=object)
```

（10）将basic.4y、basic.9y和basic.6y类别分在一组并进行调用，代码如下。

```
df.education.replace({"basic.9y":"Basic","basic.6y":
"Basic","basic.4y":"Basic"},inplace=True)
```

（11）分组后检查类别列表，代码如下。

```
df.education.unique()
```

```
array(['Basic', 'unknown', 'university.degree', 'high.school',
       'professional.course', 'illiterate'], dtype=object)
```

可以看到basic.9y、basic.6y和basic.4y被分为Basic组。

（12）为数据选择合适的编码方法并执行，添加以下代码以实现此目的。

```
# Select all the non numeric data using select_dtypes function
data_column_category = df.select_dtypes(exclude=[np. number]).columns
```

结果输出如下。

```
Index(['job', 'marital', 'education', 'default', 'housing', 'loan', 'contact',
       'month', 'day_of_week', 'poutcome'],
      dtype='object')
```

（13）定义一个包含数据集中所有分类特征名称的列表。同样，循环遍历列表中的每个变量，以获得伪变量编码的输出。添加以下代码以执行此操作。

```
cat_vars=data_column_category
for var in cat_vars:
    cat_list='var'+'_'+var
    cat_list = pd.get_dummies(df[var], prefix=var)
    data1=df.join(cat_list)
    df=data1
df.columns
```

结果输出如下。

```
Index(['age', 'job', 'marital', 'education', 'default', 'housing', 'loan',
       'contact', 'month', 'day_of_week', 'duration', 'campaign', 'pdays',
       'previous', 'poutcome', 'emp_var_rate', 'cons_price_idx',
       'cons_conf_idx', 'euribor3m', 'nr_employed', 'y', 'job_admin.',
       'job_blue-collar', 'job_entrepreneur', 'job_housemaid',
       'job_management', 'job_retired', 'job_self-employed', 'job_services',
       'job_student', 'job_technician', 'job_unemployed', 'job_unknown',
       'marital_divorced', 'marital_married', 'marital_single',
       'marital_unknown', 'education_basic.4y', 'education_basic.6y',
       'education_basic.9y', 'education_high.school', 'education_illiterate',
       'education_professional.course', 'education_university.degree',
       'education_unknown', 'default_no', 'default_unknown', 'default_yes',
       'housing_no', 'housing_unknown', 'housing_yes', 'loan_no',
       'loan_unknown', 'loan_yes', 'contact_cellular', 'contact_telephone',
       'month_apr', 'month_aug', 'month_dec', 'month_jul', 'month_jun',
       'month_mar', 'month_may', 'month_nov', 'month_oct', 'month_sep',
       'day_of_week_fri', 'day_of_week_mon', 'day_of_week_thu',
       'day_of_week_tue', 'day_of_week_wed', 'poutcome_failure',
       'poutcome_nonexistent', 'poutcome_success'],
      dtype='object')
```

（14）忽略已对其进行编码的分类列，仅选择数字列和编码类别列，添加以下代码以执行此操作。

```
# Categorical features
cat_vars=data_column_category
# All features
data_vars=df.columns.values.tolist()
# neglecting the categorical column for which we have done encoding
```

```
to_keep = []
for i in data_vars:
    if i not in cat_vars:
            to_keep.append(i)
# selecting only the numerical and encoded catergorical column
data_final=df[to_keep]
data_final.columns
```

结果输出如下。

```
Index(['age', 'duration', 'campaign', 'pdays', 'previous', 'emp_var_rate',
       'cons_price_idx', 'cons_conf_idx', 'euribor3m', 'nr_employed', 'y',
       'job_admin.', 'job_blue-collar', 'job_entrepreneur', 'job_housemaid',
       'job_management', 'job_retired', 'job_self-employed', 'job_services',
       'job_student', 'job_technician', 'job_unemployed', 'job_unknown',
       'marital_divorced', 'marital_married', 'marital_single',
       'marital_unknown', 'education_Basic', 'education_high.school',
       'education_illiterate', 'education_professional.course',
       'education_university.degree', 'education_unknown', 'default_no',
       'default_unknown', 'default_yes', 'housing_no', 'housing_unknown',
       'housing_yes', 'loan_no', 'loan_unknown', 'loan_yes',
       'contact_cellular', 'contact_telephone', 'month_apr', 'month_aug',
       'month_dec', 'month_jul', 'month_jun', 'month_mar', 'month_may',
       'month_nov', 'month_oct', 'month_sep', 'day_of_week_fri',
       'day_of_week_mon', 'day_of_week_thu', 'day_of_week_tue',
       'day_of_week_wed', 'poutcome_failure', 'poutcome_nonexistent',
       'poutcome_success'],
      dtype='object')
```

（15）将数据分为训练集和测试集，添加以下代码以实现此目的。

```
#Segregating Independent and Target variable
X=data_final.drop(columns='y')
y=data_final['y']
from sklearn. model_selection import train_test_split
X_train, X_test, y_train, y_test = train_test_split(X, y, test_size=0.2,
random_state=0)
print("FULL Dateset X Shape: ", X.shape )
print("Train Dateset X Shape: ", X_train.shape )
print("Test Dateset X Shape: ", X_test.shape )
```

结果输出如下。

```
FULL Dateset X Shape:  (41187, 61)
Train Dateset X Shape:  (32949, 61)
Test Dateset X Shape:  (8238, 61)
```

作业 2：折线图

（1）为每个月（1～6月）创建6个字符串的列表，并使用以下代码将其另存为x。

```
x = ['January','February','March','April','May','June']
```

（2）为Items Sold创建6个值的列表，该值从1000开始，依次增加200，因此最终值是2000，将其另存为y，代码如下。

```
y = [1000, 1200, 1400, 1600, 1800, 2000]
```

（3）使用蓝色虚线和星号标记y（Items Sold）和x（Month），代码如下。

```
plt.plot(x, y, '*:b')
```

（4）使用以下代码将x轴设置为Month。

```
plt.xlabel('Month')
```

（5）使用以下代码将y轴设置为Items Sold。

```
plt.ylabel('Items Sold')
```

（6）要将标题设置为Items Sold has been Increasing Linearly，代码如下。

```
plt.title('Items Sold has been Increasing Linearly')
```

结果输出如下。

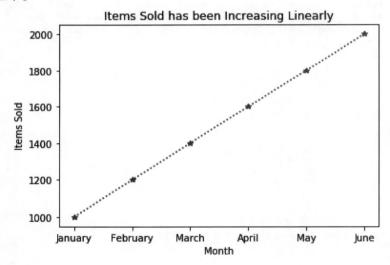

作业3：柱状图

（1）使用以下代码为x创建5个字符串列表，其中包含冠军头衔最多的NBA系列名称。

```
x = ['Boston Celtics','Los Angeles Lakers', 'Chicago Bulls', 'Golden State
    Warriors', 'San Antonio Spurs']
```

（2）使用以下代码为y创建5个值的列表，其中包含与x中的字符串相对应的Titles Won值。

```
y = [17, 16, 6, 6, 5]
```

（3）将x和y分别放入列名为Team和Titles的数据框中，代码如下。

```
import pandas as pd
df = pd.DataFrame({'Team': x,
                   'Titles': y})
```

（4）按Titles降序对数据框进行排序，并将其另存为df_sorted，代码如下。

```
df_sorted = df.sort_values(by=('Titles'), ascending=False)
```

注释： 如果按 ascending=True排序，则图的右侧将具有较大的值。由于我们想在左侧使用较大的值，因此使用ascending=False。

（5）制作一个程序化标题并将其保存。首先找到冠军头衔最多的团队，然后使用以下代码将其另存为team_with_most_titles对象。

```
team_with_most_titles = df_sorted['Team'][0]
```

（6）使用以下代码检索拥有最多冠军头衔的团队的头衔数量。

```
most_titles = df_sorted['Titles'][0]
```

（7）使用以下代码创建一个字符串。

```
title = 'The {} have the most titles with {}'.format(team_with_most_titles,
most_titles)
```

（8）绘制柱状图，使用以下代码按团队绘制冠军头衔数量。

```
import matplotlib.pyplot as plt
plt.bar(df_sorted['Team'], df_sorted['Titles'], color='red')
```

（9）使用以下代码将x轴标签设置为Team。

```
plt.xlabel('Team')
```

（10）使用以下代码将y轴标签设置为Number of Championships。

```
plt.ylabel('Number of Championships')
```

（11）为了防止重叠，将x刻度标签旋转45°，代码如下。

```
plt.xticks(rotation=45)
```

（12）将图的标题设置为已创建的程序化标题对象，代码如下。

```
plt.title(title)
```

（13）使用以下代码将图作为Titles_by_Team保存到当前的工作目录中。

附录

221

```
plt.savefig(Titles_by_Team)
```

（14）使用 plt.show()函数将图像输出。具体图像如下。

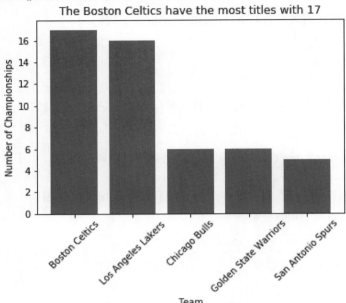

注释： 当使用 plt.show()将图打印到控制台时，它按预期显示；但是，当将其创建为Titles_by_Team.png的文件再打开时，会看到它的x刻度标签被裁剪了，如下所示。

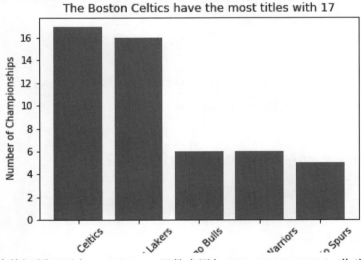

（15）要解决裁剪问题，可在plt.savefig()函数内添加 bbox_inches='tight'作为参数，代码如下。

```
plt.savefig('Titles_by_Team', bbox_inches='tight')
```

（16）再从工作目录中打开保存的Titles_by_Team.png文件时，会看到x刻度标签没有被裁剪，以下输出为获取的最终结果。

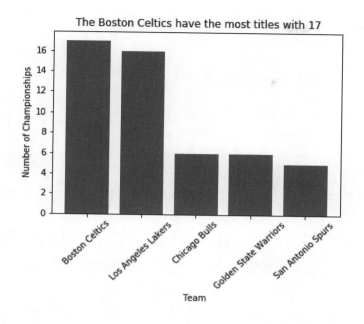

The Boston Celtics have the most titles with 17

作业 4：使用子图的多种绘图类型

（1）导入Items_Sold_by_Week.csv文件，并使用以下代码将其保存为 Items_by_Week数据框对象。

```
import pandas as pd
Items_by_Week = pd.read_csv('Items_Sold_by_Week.csv')
```

（2）导入Weight_by_Height.csv文件，并将其另存为Weight_by_Height对象，代码如下。

```
Weight_by_Height = pd.read_csv('Weight_by_Height.csv')
```

（3）生成一个由100个正态分布的数字组成的数组，以用作直方图和箱线图的数据，并使用以下代码将其另存为y。

```
y = np.random.normal(loc=0, scale=0.1, size=100)
```

（4）生成具有3个不重叠的三行两列的6个子图的图形，代码如下。

```
import matplotlib.pyplot as plt
fig, axes = plt.subplots(nrows=3, ncols=2)
plt.tight_layout()
```

（5）使用以下代码设置各个轴的标题以匹配下图中的标题。

```
axes[0,0].set_title('Line')
axes[0,1].set_title('Bar')
```

```
axes[1,0].set_title('Horizontal Bar')
axes[1,1].set_title('Histogram')
axes[2,0].set_title('Scatter')
axes[2,1].set_title('Box-and-Whisker')
```

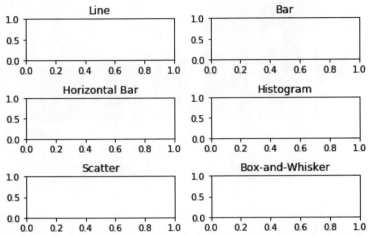

（6）在Line、Bar和Horizontal Bar轴上，使用以下代码在Items_ by_Week中绘制Items_Sold（按Week）。

```
axes[0,0].plot(Items_by_Week['Week'], Items_by_Week['Items_Sold'])
axes[0,1].bar(Items_by_Week['Week'], Items_by_Week['Items_Sold'])
axes[1,0].barh(Items_by_Week['Week'], Items_by_Week['Items_Sold'])
```

结果输出如下。

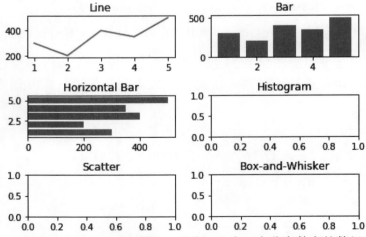

（7）在Histogram和Box-and-Whisker轴上，绘制100个正态分布数字的数组，代码如下。

```
axes[1,1].hist(y, bins=20)
axes[2,1].boxplot(y)
```

结果输出如下。

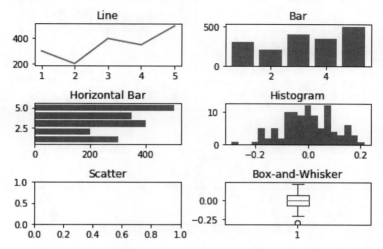

（8）以Height作为自变量，Weight作为因变量，在坐标系中画出Weight_by_Height数据框中数据的散点图，代码如下。

```
axes[2,0].scatter(Weight_by_Height['Height'],Weight_by_Height['Weight'])
```

结果输出如下。

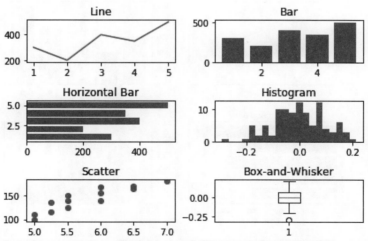

（9）分 别 使 用axis [row，column] .set_xlabel（'X-Axis Label'）和axes [row，column] .set_ylabel（'Y-Axis Label'）标记每个子图的x轴和y轴。结果输出如下。

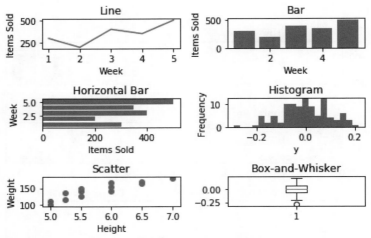

（10）使用subplots()函数中的figsize参数增大图形，代码如下。

```
fig, axes = plt.subplots(nrows=3, ncols=2, figsize=(8,8))
```

（11）使用以下代码将图形另存至当前工作目录。

```
fig.savefig('Six_Subplots')
```

下图显示了Six_Subplots.png文件。

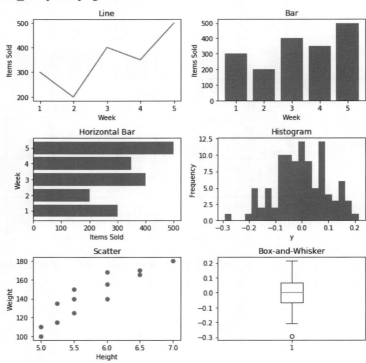

作业 5：生成预测并评估多元线性回归模型的性能

（1）使用以下代码对测试数据生成预测。

```
predictions = model.predict(X_test)
```

（2）使用以下代码在散点图上绘制预测值与实际值。

```
import matplotlib.pyplot as plt
from scipy.stats import pearsonr
plt.scatter(y_test, predictions)
plt.xlabel('Y Test (True Values)')
plt.ylabel('Predicted Values')
plt.title('Predicted vs. Actual Values(r = {0:0.2f})'.format(pearsonr(y_ test,
predictions)[0], 2))
plt.show()
```

结果输出如下。

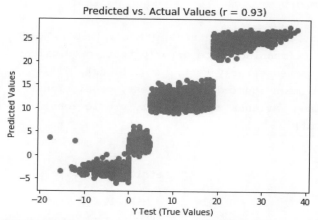

注释：相对于简单线性回归模型（$r = 0.62$），多元线性回归模型（$r = 0.93$）中的预测值与实际值之间存在更强的线性相关性。

（3）绘制残差分布，代码如下。

```
import seaborn as sns
from scipy.stats import shapiro
sns.distplot((y_test - predictions), bins = 50)
plt.xlabel('Residuals')
plt.ylabel('Density')
plt.title('Histogram of Residuals (Shapiro W p-value = {0:0.3f})'.
format(shapiro(y_test - predictions)[1]))
```

```
plt.show()
```

结果输出如下。

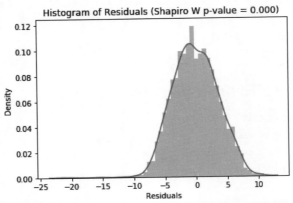

注释： 残差是负偏斜且非正态的，与简单线性回归模型相比，偏斜的程度较小。

（4）计算平均绝对误差、均方误差、均方根误差和R平方的度量，并将它们放入DataFrame中，代码如下。

```
from sklearn import metrics
import numpy as np
metrics_df = pd.DataFrame({'Metric': ['MAE', 'MSE', 'RMSE', 'R-Squared'],
'Value': [metrics.mean_absolute_error(y_test, predictions),
metrics.mean_squared_error(y_test, predictions),
np.sqrt(metrics.mean_squared_error(y_test, predictions)),
metrics.explained_variance_score(y_test, predictions)]}).round(3)
print(metrics_df)
```

结果输出如下。

```
       Metric   Value
0         MAE   2.861
1         MSE  12.317
2        RMSE   3.510
3   R-Squared   0.866
```

相对于简单线性回归模型，多元线性回归模型在每个指标上的表现都更好。

作业 6：生成预测以及评估调参后的逻辑回归模型性能

（1）使用以下代码生成预测的降雨概率。

```
predicted_prob = model.predict_proba(X_test)[:,1]
```

（2）使用以下代码生成预测的降雨等级。

```
predicted_class = model.predict(X_test)
```

（3）使用混淆矩阵评估性能，并将其另存为DataFrame，代码如下。

```
from sklearn.metrics import confusion_matrix
import numpy as np
cm = pd.DataFrame(confusion_matrix(y_test, predicted_class))
cm['Total'] = np.sum(cm, axis=1)
cm = cm.append(np.sum(cm, axis=0), ignore_index=True)
cm.columns = ['Predicted No', 'Predicted Yes', 'Total']
cm = cm.set_index([['Actual No', 'Actual Yes', 'Total']])
print(cm)
```

结果输出如下。

```
            Predicted No  Predicted Yes  Total
Actual No            381              2    383
Actual Yes             4           2913   2917
Total                385           2915   3300
```

注释：非常好！我们将误报的数量从6个减少到2个。此外，我们的误报从10个减少到了4个（参阅练习26）。请注意，结果可能会略有不同。

（4）为了进一步评估模型，打印分类报告，代码如下。

```
from sklearn.metrics import classification_report
print(classification_report(y_test, predicted_class))
```

输出结果如下。

```
               precision    recall  f1-score   support

           0        0.99      0.99      0.99       383
           1        1.00      1.00      1.00      2917

   micro avg        1.00      1.00      1.00      3300
   macro avg        0.99      1.00      1.00      3300
weighted avg        1.00      1.00      1.00      3300
```

通过调整逻辑回归模型的超参数，可以改进已经表现良好的逻辑回归模型。

作业7：生成预测并评估 SVC 网格搜索模型的性能

（1）使用以下代码提取预测的降雨类别。

```
predicted_class = model.predict(X_test)
```

（2）使用以下代码创建并打印混淆矩阵。

```
from sklearn.metrics import confusion_matrix
import numpy as np
cm = pd.DataFrame(confusion_matrix(y_test, predicted_class))
```

```
cm['Total'] = np.sum(cm, axis=1)
cm = cm.append(np.sum(cm, axis=0), ignore_index=True)
cm.columns = ['Predicted No', 'Predicted Yes', 'Total']
cm = cm.set_index([['Actual No', 'Actual Yes', 'Total']])
print(cm)
```

结果输出如下。

	Predicted No	Predicted Yes	Total
Actual No	326	57	383
Actual Yes	2	2915	2917
Total	328	2972	3300

（3）生成并打印分类报告，代码如下。

```
from sklearn.metrics import classification_report
print(classification_report(y_test, predicted_class))
```

结果输出如下。

	precision	recall	f1-score	support
0	0.99	0.85	0.92	383
1	0.98	1.00	0.99	2917
micro avg	0.98	0.98	0.98	3300
macro avg	0.99	0.93	0.95	3300
weighted avg	0.98	0.98	0.98	3300

在本作业中，演示了如何使用网格搜索来调整SVC模型的超参数。

作业8：使用决策树分类器之前的数据准备

（1）使用以下代码导入weather.csv并将其存储为DataFrame。

```
import pandas as pd
df = pd.read_csv('weather.csv')
```

（2）对Description列进行虚拟编码，代码如下。

```
import pandas as pd
df_dummies = pd.get_dummies(df, drop_first=True)
```

（3）使用以下代码对df_dummies进行清洗。

```
from sklearn.utils import shuffle
df_shuffled = shuffle(df_dummies, random_state=42)
```

（4）将df_shuffled分为X和y，代码如下。

```
DV = 'Rain'
```

```
X = df_shuffled.drop(DV, axis=1)
y = df_shuffled[DV]
```

（5）将X和y分为测试集和训练集，代码如下。

```
from sklearn.model_selection import train_test_split
X_train, X_test, y_train, y_test = train_test_split
(X, y, test_size=0.33, random_state=42)
```

（6）使用以下代码缩放X_train和X_test。

```
from sklearn.preprocessing import StandardScaler
model = StandardScaler()
X_train_scaled = model.fit_transform(X_train)
X_test_scaled = model.transform(X_test)
```

作业9：决策树分类器模型的预测和性能评估

（1）使用以下代码生成预测的降雨概率。

```
predicted_prob = model.predict_proba(X_test_scaled)[:,1]
```

（2）使用以下代码生成预测的降雨类别。

```
predicted_class = model.predict(X_test)
```

（3）使用以下代码生成并打印混淆矩阵。

```
from sklearn.metrics import confusion_matrix
import numpy as np
cm = pd.DataFrame(confusion_matrix(y_test, predicted_class))
cm['Total'] = np.sum(cm, axis=1)
cm = cm.append(np.sum(cm, axis=0), ignore_index=True)
cm.columns = ['Predicted No', 'Predicted Yes', 'Total']
cm = cm.set_index([['Actual No', 'Actual Yes', 'Total']])
print(cm)
```

结果输出如下。

```
            Predicted No  Predicted Yes  Total
Actual No            327             56    383
Actual Yes             0           2917   2917
Total                327           2973   3300
```

（4）打印分类报告，代码如下。

```
from sklearn.metrics import classification_report
print(classification_report(y_test, predicted_class))
```

结果输出如下。

	precision	recall	f1-score	support
0	1.00	0.85	0.92	383
1	0.98	1.00	0.99	2917
micro avg	0.98	0.98	0.98	3300
macro avg	0.99	0.93	0.96	3300
weighted avg	0.98	0.98	0.98	3300

从分类报告中可以发现，只有一个错误分类的观测值，因此，通过在weather.csv数据集上调整决策树分类器模型，能够非常准确地预测降雨（或降雪）。可以看到，影响天气预测的唯一的驱动功能是摄氏温度，因为决策树是使用递归分区进行预测的，所以该预测结果有道理。

作业 10：调整随机森林回归器

（1）指定超参数空间，代码如下。

```
import numpy as np
grid = {'criterion': ['mse','mae'],
        'max_features': ['auto', 'sqrt', 'log2', None],
        'min_impurity_decrease': np.linspace(0.0, 1.0, 10),
        'bootstrap': [True, False],
        'warm_start': [True, False]}
```

（2）实例化GridSearchCV模型，使用以下代码优化解释的方差。

```
from sklearn.model_selection import GridSearchCV
from sklearn.ensemble import RandomForestRegressor
model = GridSearchCV(RandomForestRegressor(), grid, scoring='explained_
variance', cv=5)
```

（3）使用以下代码使网格搜索模型适合训练集（注意，这可能需要一段时间）。

```
model.fit(X_train_scaled, y_train)
```

结果输出如下。

```
GridSearchCV(cv=5, error_score='raise-deprecating',
       estimator=RandomForestRegressor(bootstrap=True, criterion='mse', max_depth=None,
           max_features='auto', max_leaf_nodes=None,
           min_impurity_decrease=0.0, min_impurity_split=None,
           min_samples_leaf=1, min_samples_split=2,
           min_weight_fraction_leaf=0.0, n_estimators='warn', n_jobs=None,
           oob_score=False, random_state=None, verbose=0, warm_start=False),
       fit_params=None, iid='warn', n_jobs=None,
       param_grid={'criterion': ['mse', 'mae'], 'max_features': ['auto', 'sqrt', 'log2', None],
'min_impurity_decrease': array([0.     , 0.11111, 0.22222, 0.33333, 0.44444, 0.55556, 0.66667,
       0.77778, 0.88889, 1.     ]), 'bootstrap': [True, False], 'warm_start': [True, False]},
       pre_dispatch='2*n_jobs', refit=True, return_train_score='warn',
       scoring='explained_variance', verbose=0)
```

（4）打印调整的参数，代码如下。

```
best_parameters = model.best_params_
print(best_parameters)
```

结果输出如下。

```
{'bootstrap': True, 'criterion': 'mae', 'max_features': None, 'min_impurity_decrease': 0.0, 'warm_start': True}
```

作业 11：生成预测并调参的随机森林回归模型性能评估

（1）使用以下代码对测试数据生成预测。

```
predictions = model.predict(X_test_scaled)
```

（2）绘制预测值与实际值之间的关系，代码如下。

```
import matplotlib.pyplot as plt
from scipy.stats import pearsonr
plt.scatter(y_test, predictions)
plt.xlabel('Y Test (True Values)')
plt.ylabel('Predicted Values')
plt.title('Predicted vs. Actual Values (r = {0:0.2f})'.format(pearsonr(y_
test, predictions)[0], 2))
plt.show()
```

结果输出如下。

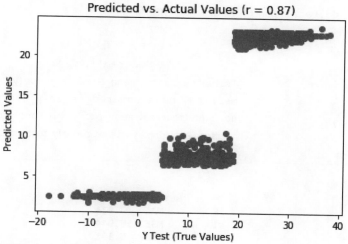

（3）绘制残差分布图，代码如下。

```
import seaborn as sns
```

```
from scipy.stats import shapiro
sns.distplot((y_test - predictions), bins = 50)
plt.xlabel('Residuals')
plt.ylabel('Density')
plt.title('Histogram of Residuals (Shapiro W p-value = {0:0.3f})'.
format(shapiro(y_test - predictions)[1]))
plt.show()
```

输出结果如下。

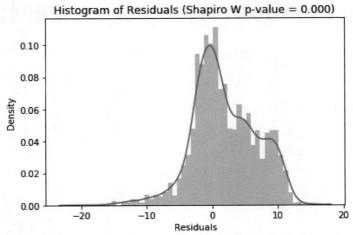

（4）计算指标，将其放在DataFrame中，然后使用以下代码将其打印出来。

```
from sklearn import metrics
import numpy as np
metrics_df = pd.DataFrame({'Metric':['MAE',
                                     'MSE',
                                     'RMSE,
                                     'R-Squared'],
                          'Value':[metrics. mean_absolute_error(y_test, predictions),
                          metrics. mean_squared_error(y_test, predictions),
                          np. sqrt(metrics. mean_squared_error(y_test, predictions)),
                          metrics. explained_variance_score(y_test, predictions)]}).round(3)
print(metrics_df)
```

结果输出如下。

```
     Metric    Value
0      MAE      3.974
1      MSE     26.944
2     RMSE      5.191
3  R-Squared    0.745
```

通过较高的MAE、MSE和RMSE值以及较低的解释方差相比，随机森林回归模型的效果似乎不如多元线性回归模型。此外，预测值和实际值之间的相关性较弱，并且残差远离正态分布。然而，通过使用随机森林回归器，利用集成方法构建了一个模型，该模型可以解释温度变化的75.8%，并预测温度为+3.781℃。

作业12：k-均值聚类和计算预测的共同练习

参阅练习58，导入、改组和标准化玻璃数据集后，执行以下操作步骤。

（1）实例化一个空数据框以附加每个模型并将其另存为新数据框对象labels_df，代码如下。

```
import pandas as pd
labels_df = pd. DataFrame()
```

（2）使用以下代码将k-均值函数导入循环外部。

```
from sklearn. cluster import KMeans
```

（3）完成100次迭代，代码如下。

```
for i in range(0,100):
```

（4）保存带有两个聚类的k-均值聚类模型对象（先验确定），代码如下。

```
model= KMeans(n_clusters=2)
```

（5）使用以下代码使模型适合scaled_features。

```
model. fit(scaled_features)
```

（6）生成标签数组，并将其保存为标签对象，代码如下。

```
labels= model. labels_
```

（7）使用以下代码，将标签存储为经迭代后命名的labels_df中的列。

```
labels_df['Model_{}_Labels'. format(i+1)] = labels
```

（8）为100个模型中的每一个生成标签后（参阅作业21），使用以下代码计算每行的模式。

```
row_mode=labels_df.mode(axis=1)
```

（9）将row_mode分配给labels_df中的新列，代码如下。

```
labels_df['row_mode']= row_mode
```

（10）查看labels_df的前5行，代码如下。

```
print(labels_df.head(5))
```

结果输出如下。

```
        Model_1_Labels  Model_2_Labels   ...   Model_100_Labels  row_mode
0             0              0           ...          0              0
1             1              1           ...          1              1
2             0              0           ...          0              0
3             0              0           ...          0              0
4             0              0           ...          0              0

[5 rows x 101 columns]
```

通过迭代众多模型，极大地提高了对预测的信心，保存每次迭代的预测并最终预测分配作为这些预测的模式。但是，这些预测是使用预定数量的聚类模型生成，除非明确知道聚类数量，否则要发现最优的聚类数量以细分观测结果。

作业13：PCA转换后通过聚类评估平均惯性

（1）实例化一个PCA模型，其中n_components参数的值等于best_n_components（即best_n_components = 6），代码如下。

```
from sklearn. decomposition import PCA

model =PCA(n_components=best_n_components)
```

（2）使模型适合scaled_features并将其转换为6个组件，代码如下。

```
df_pca = model.fit_transform(scaled_features)
```

（3）使用以下代码在外部循环导入numpy()和KMeans()函数。

```
from sklearn.cluster import KMeans
import numpy as np
```

（4）实例化一个空列表惯性列表，为其添加惯性值，代码如下。

```
inertia_list=[]
```

（5）在for循环的内部，迭代100个模型，代码如下。

```
for i in range(100):
```

（6）使用n_clusters = x建立KMeans模型，代码如下。

```
model = KMeans(n_clusters=x)
```

注意： x的值将由外部循环指定。

（7）按以下代码将模型拟合到df_pca中。

```
model. fit(df_pca)
```

（8）使用以下代码获取惯性值并将其保存为惯性对象。

```
inertia = model. inertia_
```

（9）使用以下代码将惯性追加到惯性列表中。

```
inertia_list.append(inertia)
```

（10）转到外部循环，实例化另一个空列表以存储平均惯性值，代码如下。

```
mean_inertia_list_PCA =[]
```

（11）由于要检查n_clusters 1 ~ 10的100个模型的平均惯性，所以将实例化外部循环，代码如下。

```
for x in range(1,11):
```

（12）内部循环运行了100次迭代后，100个模型中每个模型的惯性值都已附加到惯性列表中，计算此列表，并使用以下代码将对象另存为mean_inertia。

```
mean_inertia = np.mean(inertia_list)
```

（13）使用以下代码将mean_inertia追加到mean_inertia_list_PCA。

```
mean_inertia_list_PCA.append(mean_inertia)
```

（14）使用以下代码将mean_inertia_list_PCA打印到控制台。

```
print(mean_inertia_list_PCA)
```

（15）结果输出如下。

```
[1892.8745743658694, 1272.0635708451114, 945.9585011131066, 792.9280542109909, 660.6137294703674, 542.2679610880247,
448.0582942646142, 402.0775746619672, 363.76887622845425, 330.43291214440774]
```

作业 14：训练和预测一个人的收入

（1）导入Pandas库并使用Pandas加载数据集，然后使用read_csv()函数读取数据，代码如下。

```
import pandas as pd
import xgboost as xgb
import numpy as np
from sklearn.metrics import accuracy_score
data = pd.read_csv("../data/adult-data.csv" names=['age', 'workclass',
'education-num', 'occupation", 'capital-gain', 'capital-loss', 'hours-per-
week', 'income'])
```

（2）导入Label Encoder，使用sklearn中的Label Encoder对分类字符串列进行编码，代码如下。

```
from sklearn. preprocessing import LabelEncoder
data['workclass']=LabelEncoder().fit_transform(data['workclass'])
data['occupation'] = LabelEncoder().fit_transform(data['occupation'])
data['income'] = LabelEncoder().fit_transform(data['income'])
```

在这里，还可以使用另一种方法对所拥有的分类字符串数据进行编码，以防止一次又一次地编写相同的代码，看看是否可以找到它。

（3）将因变量和自变量分开，代码如下。

```
x = data.copy()
X.drop("income", inplace=true, axis=1)
Y = data.income
```

（4）将数据集分为80∶20的训练集和测试集，代码如下。

```
X_train, x_test = X[:int(X.shape[0]*0. 8)].values, X[int(X.shape[0]*0.8):].
values
Y_train, Y_test = Y[:int(Y.shape [0]*0.8)].values, Y[int(Y.shape[0]*0.8):].
values
```

（5）将训练集和测试集转换为DMatrix，该库支持该数据结构，代码如下。

```
train=xgb.DMatrix(X_train, label=Y_train)
test=xgb.DMatrix(X_test, label=Y_test)
```

（6）使用以下参数来利用XGBoost训练模型，代码如下。

```
param={'max_depth':7, 'eta':0.1, 'silent':1, 'objective':'binary:hinge'}
    num_round = 50
model = xgb.train(param, train, num_round)
```

（7）检查模型的准确率，代码如下。

```
preds = model.predict(test)
accuracy = accuracy_score(Y[int(Y.shape[0]*0. 8):].values,preds)
print("Accuracy:%.2f%%"%(accuracy * 100.0))
```

结果输出如下。

```
Accuracy: 83.66%
```

作业 15：预测流失的客户

（1）导入Pandas库，使用Pandas加载数据集，然后读入数据，代码如下。

```
import pandas as pd
import numpy as np
data=data=pd.read_csv("data/telco-churn.csv")
```

（2）删除customerID变量，因为任何将来的预测都会有一个唯一的客户ID，使该变量无法用于预测，代码如下。

```
data.drop('customerID', axis=1, inplace=true)
```

（3）将所有分类变量转换为整数，代码如下。

```
from sklearn. preprocessing import LabelEncoder
data['gender'] = LabelEncoder().fit_transform(data['gender'])
```

（4）检查数据集中变量的数据类型，代码如下。

```
data dtypes
```

结果输出如下。

```
gender              int32
SeniorCitizen       int64
Partner             int32
Dependents          int32
tenure              int64
PhoneService        int32
MultipleLines       int32
InternetService     int32
OnlineSecurity      int32
OnlineBackup        int32
DeviceProtection    int32
TechSupport         int32
StreamingTV         int32
StreamingMovies     int32
Contract            int32
PaperlessBilling    int32
PaymentMethod       int32
MonthlyCharges      float64
TotalCharges        object
Churn               int32
dtype: object
```

（5）由以上输出可见，TotalCharges是一个对象，因此，将TotalCharges的数据类型转换为数值，强制使缺失值变为空，代码如下。

```
data.TotalCharges = pd.to_numeric(data.TotalCharges, errors='coerce')
```

（6）将数据框转换为XGBoost变量，并找到最佳参数，代码如下。

```
import xgboost as xgb
import matplotlib.pyplot as plt
X = data.copy()
X.drop("Churn", inplace=True, axis=1)
Y = data.Churn
X_train, X_test=X[:int(X.shape[0]*0.8))].values, X[int(X.shape[0]*0.8):].values
Y_train, Y_test = Y[:int(Y.shape[0]*0.8].values, Y[int(Y.shape[0]*0.8):].values
train=xgb.DMatrix(X_train, label=Y_train)
test=xgb.DMatrix(X_test Iabel=Y_test)
test_error={}
for i in range(20):
```

```
    param={'max_depth':i, 'eta':0.1, 'silent':1, 'objective':'binary:hinge'}
    num_round = 50
    model_metrics=xgb.cv(param, train, num_round, nfold=10)
    test_error[i]=model_metrics.iloc[-1]['test-error-mean']
plt.scatter(test_error.keys(), test_error.values())
plt.xlabel('Max Depth')
plt.ylabel('Test Error')
plt.show()
```

结果输出如下。

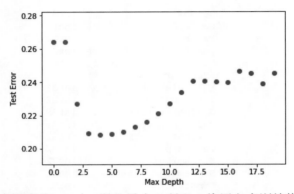

可以明显看出，最大深度为4.0时，误差最小，所以，将用它来训练模型。

（7）使用max_depth参数创建模型，代码如下。

```
param={'max_depth':4, 'eta':0.1, 'silent':1, 'objective':'binary:hinge'}
num_round = 100
model=xgb.train(param, train, num_round)
preds=model.predict(test)
from sklearn.metrics import accuracy_score
accuracy = accuracy_score(Y[int(Y.shape[0]*0.8)):].values, preds)
print("Accuracy: %.2f%%" % (accuracy*100.0))
```

结果输出如下。

Accuracy: 79.77%

（8）使用以下代码保存模型以备将来使用。

```
model.save_model('churn-model. model')
```

作业 16：预测客户的购买力

（1）使用Pandas加载黑色星期五数据集，然后使用read_csv()函数读取数据，代码如下。

```
import pandas as pd
import numpy as np
data=data=pd.read_csv("data/BlackFriday.csv")
```

（2）删除User_ID变量即可对新用户ID进行预测。产品类别变量的空值较高，因此也将其删除，代码如下。

```
data.isnull().sum()
data.drop(['User_ID', 'Product_Category_2', 'Product_Category_3'], axis =
1, inplace = True)
```

（3）使用Scikit-Learn将所有类别变量转换为整数，代码如下。

```
from collections import defaultdict
from sklearn.preprocessing import LabelEncoder, MinMaxScaler
label_dict=defaultdict(LabelEncoder)
data[['Product_ID', 'Gender', 'Age', 'Occupation', 'City_Category', 'Stay_In_
        Current_City_Years', 'Marital_Status', 'Product_Category_1']]
= data[['Product_ID','Gender', 'Age', 'Occupation', 'City_Category', 'Stay_
        In_Current_City_Years', 'Marital_Status', 'Product_Category_1']].
apply(lambda x:label_dict[x.name].fit_transform(x))
```

（4）将数据分为训练集和测试集，并将其转换为嵌入层所需的形式，代码如下。

```
from sklearn.model_selection import train_test_split
x=data
y=x.pop('Purchase')
x_train, x_test, y_train, y_test=train_test_split(x, y, test_size=0.3, random_state=9)

cat_cols_dict={col:list(data[col].unique()) for col in ['Product_ID',
'Gender', 'Age', 'Occupation', 'City_Category', 'Stay_In_Current_City_Years',
'Marital_Status', 'Product_Category_1']}
train_input_list=[]
test_input_list=[]
for col in cat_cols_dict.keys():
    raw_values=np. unique(data[col])
    value_map = {}
    for i in range(len(raw_values)):
        value_map[raw_values[i]]=i
train_input_list.append(x_train[col].map(value_map).values)
test_input_list.append(x_test[col].map(value_map).fillna(0).values)
```

（5）使用Keras库中的嵌入层和密集层创建网络，并执行超参数调整以获得最佳精度，代码如下。

```
from keras.models import Model
```

```
from keras.layers import Input, Dense, Concatenate, Reshape, Dropout
from keras.layers.embeddings import Embedding
cols_out_dict={
     'Product_ID':20,
     'Gender' : 1,
     'Age':2,
     'Occupation' : 6
     'City_Category' : 1,
     'Stay_In_Current_City_Years' : 2'
     'Marital_Status' : 1,
     'Product_Category_1':9
}

inputs=[]
embeddings =[]

for col in cat_cols_dict.keys():

    inp = Input(shape=(1,), name ='input_'+ col)
    embedding= Embedding(len(cat_cols_dict[col]), cols_out_dict[col],
    input_length=1, name ='embedding_'+ col)(inp)
    embedding= Reshape(target_shape=(cols_out_dict[col],))(embedding)
    inputs.append(inp)
embeddings.append(embedding)
```

（6）在嵌入层之后创建一个3层网络，代码如下。

```
x=Concatenate()(embeddings)
x=Dense(4, activation='relu')(x)
x=Dense(2, activation='relu')(x)
output= Dense(1, activation='relu')(x)

model= Model(inputs, output)

model.compile(loss='mae', optimizer='adam')

model.fit(train_input_list, y_train, validation_data =(test_input_list,
y_test, epochs=20, batch_size=128)
```

（7）在测试集上检查模型的RMSE，代码如下。

```
from sklearn.metrics import mean_squared_error
y_pred= model.predict(test_input_list)
np.sqrt(mean_squared_error(y_test, y_pred))
```

RMSE的值为

2769.353

（8）将嵌入的产品ID可视化，代码如下。

```
import matplotlib.pyplot as plt
from sklearn. decomposition import PCA
embedding_Product_ID = model.get_layer('embedding_Product_ID').get_
weights()[0]
pca = PCA(n_components=2)
Y = pca.fit_transform(embedding_Product_ID[:40])
plt.figure(figsize=(8,8))
plt.scatter(-Y[:,0], -Y[:,1])
for i, txt in enumerate(label_dict['Product_ID'].inverse_transform(cat_cols_
dict['Product_ID'])[:40]):
    plt. annotate(txt, (-Y[i, 0],-Y[i, 1]), xytext =(-20, 8), textcoords='offset points')
plt. show()
```

结果输出如下。

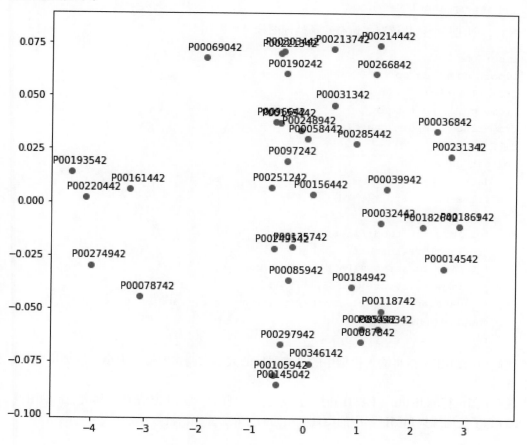

从输出图中可以看到，该模型将相似的产品聚类在一起。

（9）保存模型以备用，代码如下。

```
model.save('black-friday.model')
```

作业 17：预测图像中是一只猫还是一只狗

（1）查看数据库中图像的名称，发现狗的图像名称开头是dog，然后是"."，然后是一个数字，如dog.123.jpg。同样，猫的图像以cat开头。所以，创建一个函数，获取文件名中的标签，代码如下。

```
def get_label(file):
    class_label=file.split('.')[0]
    if class_label =='dog': label_vector = [1, 0]
    elif class_label =='cat': label_vector = [0, 1]
    return label_vector
```

然后，创建一个函数读取、调整和预处理图像，代码如下。

```
import os
import numpy as np
from PIL import Image
from tqdm import tqdm
from random import shuffle
SIZE =50
def get_data():
    data = []
    files=os. listdir(PATH)

    for image in tadm(files):
        label_vector=get_label(image)
        img= Image.open(PATH+ image).convert('L')
        img=img.resize((SIZE, SIZE))
        data.append([np. asarray(img), np array(label_vector)])
    shuffle(data)
    return data
```

代码中的SIZE是指将输入模型中的最终图像的大小。调整图像的大小，使其长度和宽度与SIZE相等。

注意：当运行os.listdir（PATH）时，会发现先出现的是所有猫的图像，其次是狗的图像。

（2）为了使训练集和测试集中的类具有相同的分布，重新清洗数据。

（3）定义图像的大小并读取数据，将加载的数据拆分为训练集和测试集，代码如下。

```
data=get_data()
train=data[:7000]
test=data[7000:]
x_train=[data[0]for data in train]
y_train=[data[1] for data in train]
x_test=[data[0] for data in test]
y_test=[data[1] for data in test]
```

（4）将列表转换为NumPy数组，并将图像重塑为Keras库能接受的格式，代码如下。

```
y_train=np.array(y_train)
y_test=np.array(y_test)
x_train=np.array(x_train).reshape(-1,SIZE,SIZE,1)
x_test=np.array(x_test).reshape(-1,SIZE,SIZE,1)
```

（5）创建一个CNN模型，利用规范化调整执行训练，代码如下。

```
from keras.models import Sequential
from keras.layers import Dense, Dropout, Conv2D, MaxPool2D, Flatten, BatchNormalization
model=Sequential()
```

①添加卷积层。

```
model.add(Conv2D(48,(3,3), activation='relu', padding='same', input_
shape=(50,50,1)))
model. add(Conv2D(48,(3,3), activation='relu'))
```

②添加池化层。

```
model.add(MaxPool2D(pool_size=(2,2)))
```

（6）使用以下代码添加批处理规格化层和Dropout层。

```
model.add(BatchNormalization())
model.add(Dropout(0.10))
```

（7）将二维矩阵展平为一维向量，代码如下。

```
model.add(Flatten())
```

（8）使用密集层作为模型的最终层，代码如下。

```
model.add(Dense(512, activation='relu'))
model.add(Dropout(0.5))
model.add(Dense(2, activation='softmax'))
```

（9）编译模型，然后使用训练集数据进行模型训练，代码如下。

```
model.compile(loss='categorical_crossentropy),
                   optimizer='adam',
                   metrics=['accuracy'])
Define the number of epochs you want to train the model for:
EPOCHS=10
model_detai1s=model.fit(x_train, y_train,
                   batch_size=128,
                   epochs=EPOCHS,
                   validation_data=(x_test, y_test),
                   verbose=1)
```

（10）在测试集上打印模型的精确度，代码如下。

```
score=model.evaluate(x_test,y_test)
print("Accuracy:{0:.2f}%".format(score[1]*100))
```

Accuracy: 70.73%

（11）在训练集上打印模型的精确度，代码如下。

```
score=model.evaluate(x_train,y_train)
print("Accuracy:{0:.2f}%".format(score[1]*100))
```

Accuracy: 96.10%

该模型的测试集精确度为70.4%，训练集的精确度非常高，达到96%。这意味着该模型已开始过度拟合。改进模型以获得尽可能高的精度，这是留给读者的练习。可以使用下面的代码绘制错误预测的图像，以了解模型的性能。

```
import matplotlib, pyplot as plt
y_pred=model.predict(x_test)
incorrect_indices=np.nonzero(np.argmax(y_pred, axis=1)!=np.argmax(y_test,
axis=1))[0]
labels=['dog', 'cat']
image=5
plt.imshow(x_test[incorrect_indices[image]].reshape(50,50), cmap=plt.get_
cmap('gray'))
plt.show()
print("Prediction:{0}".format(labels[np.argmax(y_pred[incorrect_indices[
image]])]))
```

错误预测输出如下。

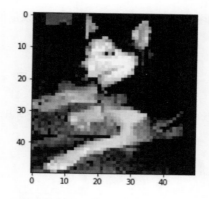

Prediction: cat

作业 18：识别和增强图像

（1）创建函数以获取数据集的图像和标签，代码如下。

```
from PIL import Image
def get_input(file):
    return Image.open(PATH+file)
def get_output(file):
    class_label=file. split('.')[0]
    if class_label=='dog':label_vector=[1,0]
    elif class_label=='cat': label_vector=[0,1]
    return label_vector
```

（2）创建预处理和增强图像的函数，代码如下。

```
SIZE=50
def preprocess_input(image):
    # Data preprocessing
    image=image.convert('L')
    image=image.resize((SIZE, SIZE))

    # Data augmentation
    random_vertical_shift(image, shift=0.2)
    random_horizontal_shift(image, shift=0.2)
    random_rotate(image, rot_range=45)
    random_horizontal_flip(image)

    return np.array(image).reshape(SIZE, SIZE,1)
```

（3）实现增强函数，在传递图像时随机执行增强，并将结果返回图像，代码如下。

```python
import random
def random_horizontal_flip(image):
    toss=random.randint(1,2)
    if toss==1:
        return image.transpose(Image.FLIP_LEFT_RIGHT)
    else:
        return image
```

对图像进行水平翻转，代码如下。

```python
def random_rotate(image, rot_range):
    value=random.randint(-rot_range, rot_range)
    return image.rotate(value)
```

对图像进行移位，代码如下。

```python
import PIL
def random_horizontal_shift(image, shift):
    width, height=image.size
    rand_shift=random.randint(0, shift* width)
    image=PIL.ImageChops.offset(image, rand_shift,0)
    image.paste((0),(0,0, rand_shift, height))
    return image
def random_vertical_shift(image, shift):
    width, height=image.size
    rand_shift=random.randint(0, shift* height)
    image=PIL. ImageChops.offset(image,0, rand_shift)
    image.paste((0),(0,0, width, rand_shift))
    return image
```

（4）创建生成用于训练模型的图像批处理的生成器，代码如下。

```python
import numpy as np
def custom_image_generator(images, batch_size=128):
    while True:
        # Randomly select images for the batch
        batch_images=np.random.choice(images, size=batch_size)
        batch_input=[]
        batch_output=[]

        # Read image, perform preprocessing and get labels
        for file in batch_images:
            # Function that reads and returns the image
```

```
                input_image=get_input(file)
                # Function that gets the label of the image
                label=get_output(file)
                # Function that pre-processes and augments the image
                image=preprocess_input(input_image)
                batch_input.append(image)
                batch_output.append(label)
                batch_x=np.array(batch_input)
                batch_y=np.array(batch_output)

                # Return a tuple of(images, labels) to feed the network
                yield(batch_x, batch_y)
```

（5）创建函数以加载测试集的图像和标签，代码如下。

```
def get_label(file):
    class_label=file.split('.')[0]
    if class_label=='dog':label_vector=[1,0]
    elif class_label=='cat': label_vector=[0,1]
    return label_vector
```

get_data()函数与作业1中使用的函数类似，这里将要读取的图像列表作为输入参数，并返回图像和标签的元组，代码如下。

```
def get_data(tiles):
    data_image=[]
    labels=[]
    for image in tqdm(files):

        label_vector=get_label(image)
        img=Image.open(PATH+image).convert('L')
        img=img.resize((SIZE, SIZE))
        labels.append(label_vector)
        data_image.append(np.asarray(img).reshape(SIZE, SIZE,1))

    data_x=np.array(data_image)
    data_y=np.array(labels)

    return(data_x, data_y)
```

（6）创建测试序列分割并加载测试集，代码如下。

```
import os
files=os.listdir(PATH)
random.shuffle(files)
train=files[:7000]
```

```
test=files[7000:]
validation_data=get_data(test)
```

（7）创建模型并执行训练，代码如下。

```
from keras.models import Sequential
model=Sequential()
```

①添加卷积层。

```
from keras.layers import Input, Dense, Dropout, Conv2D, MaxPool2D, Flatten,
BatchNormalization
model.add(Conv2D(32,(3,3), activation='relu', padding='same', input_
shape=(50,50,1)))
model.add(Conv2D(32,(3,3), activation='relu'))
```

②添加池化层。

```
model.add(MaxPool2D(pool_size=(2,2)))
```

（8）添加批处理规格化层和Dropout层，代码如下。

```
model.add(BatchNormalization())
model.add(Dropout(0.10))
```

（9）将二维矩阵展平为一维向量，代码如下。

```
model.add(Flatten())
```

（10）使用密集层作为模型的最终层，代码如下。

```
model.add(Dense(512,activation='relu'))
model.add(Dropout(0.5))

model.add(Dense(2,activation='softmax'))
```

（11）编译模型并使用创建的生成器进行训练，代码如下。

```
EPOCHS=10
BATCH_SIZE=128
model.compile(loss='categorical_crossentropy',
              optimizer='adam',
              metrics=['accuracy'])
model_details=model. fit_generator(custom_image_generator(train, batch_
size=BATCH_SIZE),
              steps_per_epoch=len(train)//BATCH_SIZE,
              epochs=EPOCHS,
              validation_data=validation_data,
              verbose=1)
```

该模型的测试集精确度为72.6%，训练的精确度更高，达到了98%，这意味着该模型已经开始过度拟合，这可能是由于缺乏数据扩充。尝试更改数据增强参数以查看精确度是否有任何更改。或者，可以修改神经网络的结构以获得更好的结果。可以绘制错误预测的图像，以了解模型的性能，代码如下。

```
import matplotlib.pyplot as plt
y_pred=model.predict(validation_data[0])
incorrect_indices=np.nonzero(np.argmax(y_pred, axis=1)!=
np. argmax(validation_data[1], axis=1))[0]
labels=['dog','cat']

image=7
plt.imshow(validation_data[0][incorrect_indices[image]].reshape(50,50),
cmap=plt.get_cmap('gray'))
plt.show()
print("Prediction:{e}".format(labels[np.argmax(y_pred[incorrect_
indices[image]])]))
```

错误预测输出如下。

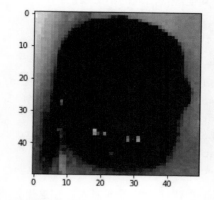

Prediction: dog

作业 19：预测电影评论的情感

（1）使用Python中的Pandas读取IMDB movie review数据集，代码如下。

```
import pandas as pd
data=pd.read_csv('../../chapter 7/data/movie_reviews.csv',
encoding=' latin-1')
```

（2）将tweets转换为小写以减少唯一单词的数量，代码如下。

```
data.text=data.text.str.lower()
```

注意：记住Hello和hello对计算机来说是不一样的。

（3）使用带有clean_str()函数的RegEx清洗评论。

```
import re
def clean_str(string):

    string=re.sub(r"https?\://\S+", '', string)
    string=re.sub(r'\<a href', '', string)
    string=re.sub(r'&amp;', '', string)
    string=re.sub(r'<br/>', '', string)
    string=re.sub(r'[_"\-;%()|+&=*%.,!?:#$@\[\]/]', '', string)
    string=re.sub('\d', '', string)
    string=re.sub(r"can\'t", "cannot", string)
    string=re.sub(r"it\'s", "it is", string)
    return string
data.SentimentText=data.SentimentText.apply(lambda x:clean_str(str(x)))
```

（4）从评论中删除停用词和其他经常出现的不必要的词。

注意：要了解我们是如何找到这些单词的，请参阅练习51。

（5）将字符串转换为标记，代码如下。

```
from nltk.corpus import stopwords
from nltk.tokenize import word_tokenize, sent_tokenize
stop_words=stopwords.words('english')+['movie','film','time']
stop_words=set(stop_words)
remove_stop_words=lambda r:[[word for word in word_tokenize(sente) if word not
in stop_words] for sente in sent_tokenize(r)]
data['SentimentText']=data['SentimentText'].apply(remove_stop_words)
```

（6）使用步骤（5）创建的标记创建评论的单词嵌入。在这里，将使用Genism Word2Vec创建这些嵌入向量，代码如下。

```
from gensim.models import Word2Vec
model = Word2Vec(
        data['SentimentText']. apply(lambda x: x[0]),
        iter=10,
        size=16,
        window=5,
        min_count=5,
        workers=10)
model.wv.save_word2vec_format('movie_embedding.txt', binary=False)
```

（7）合并标记以获取字符串，然后删除没有任何内容的评论，代码如下。

```
def combine_text(text):
    try:
        return ''.join(text[0])
    except:
        return np. nan
data.SentimentText=data.SentimentText.apply(lambda x: combine_text(x))
data=data.dropna(how='any')
```

（8）使用Keras标记器标记评论并将其转换为数值，代码如下。

```
from keras.preprocessing.text import Tokenizer
tokenizer=Tokenizer(num_words=5000)
tokenizer.fit_on_texts(list(data['SentimentText']))
sequences=tokenizer.texts_to_sequences(data['SentimentText'])
word_index=tokenizer.word_index
```

（9）将tweets的最大值设为100字，则字数除超过100后的字将被删除；字数小于100，添加0，代码如下。

```
from keras.preprocessing.sequence import pad_sequences
reviews=pad_sequences(sequences, maxlen=100)
```

（10）使用文本处理部分讨论的load_embed-ding()函数加载创建的嵌入以获取嵌入矩阵，代码如下。

```
import numpy as np
def load_embedding(filename, word_index, num_words, enbedding_dim):
    embeddings_index={}
    file=open(filename, encoding="utf-8")
    for line in file:
        values=line.split()
        word=values[0]
        coef=np.asarray(values[1:])
        embeddings_index[word]=coef
    file.close()
    embedding_matrix=np.zeros((num_words, embedding_dim))
    for word, pos in word_index.items():
        if pos >=num_words:
            continue
        embedding_vector=embeddings_index.get(word)
        if embedding_vector is not None:
            embedding_matrix[pos]=embedding_vector return embedding_matrix
embedding_matrix=load_embedding('movie_embedding.txt", word_index,
len(word_index),16)
```

（11）使用Pandas的get_dummies()函数将标签转换为One-Hot向量，并将数据集拆分为80∶20的测试集和训练集，代码如下。

```
from sklearn. model_selection import train_test_split
labels=pd.get_dummies (data.Sentiment)
X_train, X_test,y_train, y_test=train_test_split(reviews, labels, test_size=0.2,
random_state=9)
```

（12）从输入层和嵌入层开始创建神经网络模型。该层将输入的单词转换为嵌入向量，代码如下。

```
from keras.layers import Input, Dense, Dropout, BatchNormalization, Embedding,
Flatten
from keras.models import Model
inp=Input((100,))
embedding_layer = Embedding(len(word_index),
                16,
                weights=[embedding_matrix],
                input_length=100,
                trainable=False)(inp)
```

（13）使用Keras库创建其余完全连接的神经网络，代码如下。

```
model=Flatten()(embedding_layer)
model=BatchNormalization()(model)
model=Dropout(0.10)(model)
model=Dense(units=1024, activation='relu')(model)
model=Dense(units=256, activation='relu')(model)
model=Dropout(0.5)(model)
predictions=Dense(units=2, activation='softmax')(model)
model=Model(inputs=inp, outputs=predictions)
```

（14）编译并训练10个批次的模型。可以修改模型和超参数以获得更好的精确度，代码如下。

```
model.compile(loss='binary_crossentropy', optimizer='sgd', metrics=['acc'])
model.fit(X_train, y_train, validation_data=(X_test, y_test), epochs=10,
batch_size=256)
```

（15）使用以下代码计算测试集上模型的精确度，以查看模型在以前未看到的数据上的性能。

```
from sklearn. metrics import accuracy_score
preds=model.predict(X_test)
accuracy_score(np.argmax(preds,1), np.argmax(y_test.values,1))
```

模型的精确度为

```
0.7634
```

（16）绘制模型的混淆矩阵以正确理解模型的预测，代码如下。

```
y_actual=pd.Series(np.argmax(y_test.values,axis=1),name='Actual')
y_pred=pd.Series(np.argmax(preds,axis=1),name='Predicted')
pd.crosstab(y_actual,y_pred,margins=True)
```

结果输出如下。

Predicted	0	1	All
Actual			
0	1774	679	2453
1	504	2043	2547
All	2278	2722	5000

(17)使用以下代码查看随机评论中的情绪预测，检查模型的性能。

```
review_num=111
print("Review:\n"+tokenizer.sequences_to_texts([X_test[review_num]])[0])
sentiment="Positive" if np.argmax(preds[review_num]) else "Negative"
print("\nPredicted sentiment="+ sentiment)
sentiment="Positive" if np.argmax(y_test.values[review_num]) else "Negative"
print("\nActual sentiment="+sentiment)
```

检查是否接收到以下输出。

```
Review:
love love love another absolutely superb performance miss beginning end o
ne big treat n't rent buy

Predicted sentiment = Positive

Actual sentiment = Positive
```

作业 20：根据推文预测情感

(1)使用Pandas读取tweet数据集，并使用以下代码将给出的列重命名。

```
import pandas as pd
data=pd.read_csv('tweet-data.csv', encoding='latin-1', header=None)
data.columns=['sentiment','id','date','q','user','text']
```

(2)删除以下列，因为这些列不会被使用。如果想提高模型预测的精确度，可以分析和使用它们，代码如下。

```
data=data.drop(['id','date','q','user'],axis=1)
```

(3)为了节省时间，只在数据的一个子集（400000条推文）上执行以下代码。

```
data=data.sample(400000).reset_index(drop=True)
```

（4）将推文转换为小写，以减少唯一单词的数量。记住，Hello和hello对于计算机来说是不同的单词，代码如下。

```
data.text=data.text.str.lower()
```

（5）使用clean_str()函数清洗推文，代码如下。

```
import re
def clean_str(string):
    string=re.sub(r"https?\://\S+", '', string)
    string=re.sub(r"@\w*\s", '', string)
    string=re.sub(r'\<a href', '', string)
    string=re.sub(r'&amp;', '', string)
    string=re.sub(r'<br />', '', string)
    string=re.sub(r'[_"\-;%()|+&=*%.,!?:#$@\[\]/]', '', string)
    string=re.sub('\d', '', string)
    return string

data.text=data.text.apply(lambda x: clean_str(str(x)))
```

（6）从推文中删除所有停用词，就像在文本预处理部分中所做的那样，代码如下。

```
from nltk.corpus import stopwords
from nltk.tokenize import word_tokenize, sent_tokenize
stop_words=stopwords. words('english')
stop_words=set(stop_words)
remove_stop_words=lambda r:[[word for word in word_tokenize(sente)
if word not in stop_words] for sente in sent_tokenize(r)]
data['text']=data['text'].apply(remove_stop_words)

def combine_text(text):
    try:
        return ''.join(text[0])
    except:
        return np.nan

data.text=data.text.apply(lambda x: combine_text(x))

data=data.dropna(how='any')
```

（7）标记推文并使用Keras库标记器将其转换为数值，代码如下。

```
from keras.preprocessing.text import Tokenizer
tokenizer=Tokenizer(num_words=5000)
```

```
tokenizer.fit_on_texts(list(data['text']))
sequences=tokenizer.texts_to_sequences(data['text'])
word_index=tokenizer.word_index
```

（8）将推文的最大值设为50个单词。如果字数大于50，则删除超过50字后的所有字，如果字数小于50，则添加0，代码如下。

```
from keras.preprocessing.sequence import pad_sequences
tweets=pad_sequences(sequences, maxlen=50)
```

（9）使用load_embedding()函数下载的嵌入文件创建嵌入矩阵，代码如下。

```
import numpy as np
def load_embedding(filename, word_index, num_words, embedding_dim):
    embeddings_index={}
    file=open(filename, encoding="utf-8")
    for line in file:
        values=line.split()
        word=values[0]
        coef=np.asarray(values[1:])
        embeddings_index[word]=coef
    file.close()

    embedding_matrix=np.zeros((num_words, embedding_dim))
    for word, pos in word_index.items():
        if pos>=num_words:
            continue
        embedding_vector=embeddings_index.get(word)
        if embedding_vector is not None:
            embedding_matrix[pos]=embedding_vector
    return embedding_matrix

embedding_matrix=load_embedding('../../embedding/glove. twitter.27B.50d.
txt', word_index, len(word_index),50)
```

（10）将数据集拆分为训练集和测试集，拆分比例为80∶20。也可以尝试其他分割，代码如下。

```
from sklearn.model_selection import train_test_split X_train, X_test,y_train,
y_test=train_test_split(tweets, pd.get_dummies(data.sentiment), test_size=0.2,
random_state=9)
```

（11）创建预测情绪的LSTM模型。也可以修改，创建自己的神经网络，代码如下。

```
from keras.models import Sequential
from keras.layers import Dense, Dropout, BatchNormalization, Embedding, Flatten, LSTM
embedding_layer=Embedding(len(word_index),
                          50,
```

```
                                   weights=[embedding_matrix],
                                   input_length=50,
                                   trainable=False)

model=Sequential()
model.add(embedding_layer)
model.add(Dropout(0.5))
model.add(LSTM(100,dropout=0.2))
model.add(Dense(2,activation='softmax'))

model.compile(loss='binary_crossentropy', optimizer='sgd', metrics=['acc'])
```

（12）训练模型。在这里，只训练10个批次，也可以增加批次的数量以获得更好的精确度，代码如下。

```
model.fit(X_train, y_train, validation_data=(X_test, y_test), epochs=10,
batch_size=256)
```

（13）通过预测测试集中几条推文的情感检查模型的执行情况，代码如下。

```
preds=model.predict(X_test)
review_num=1
print("Tweet:\n"+tokenizer.sequences_to_texts([X_test[review_num]])[0])
sentiment="Positive" if np.argmax(preds[review_num]) else "Negative"
print("\nPredicted sentiment="+sentiment)
sentiment="Positive" if np.argmax(y_test.values[review_num]) else "Negative"
print("\nActual sentiment="+sentiment)
```

结果输出如下。

```
Tweet:                                   Tweet:
wishes everyone happy mother 's day      google actually didnt solve problem

Predicted sentiment = Positive           Predicted sentiment = Negative

Actual sentiment = Positive              Actual sentiment = Negative
```

作业 21：使用 InceptionV3 对图像进行分类

（1）创建函数以获取图像和标签。这里的PATH变量包含训练集的路径，代码如下。

```
from PIL import Image
def get_input(file):
    return Image.open(PATH+file)
```

```
def get_output(file):
    class_label = file.split('.')[0]
    if class_label == 'dog': label_vector = [1,0]
    elif class_label == 'cat': label_vector = [0,1]
    return label_vector
```

（2）设置图像的大小和通道。大小是正方形图像输入的尺寸；通道是训练数据图像中的通道数，一个RGB图像中有3个通道，代码如下。

```
SIZE = 200
CHANNELS = 3
```

（3）创建一个函数，目的是进行预处理和扩充图像，代码如下。

```
def preprocess_input(image):

    # Data preprocessing
    image = image.resize((SIZE,SIZE))
    image = np.array(image).reshape(SIZE,SIZE,CHANNELS)

    # Normalize image
    image = image/255.0

    return image
```

（4）开发能够进行分批处理的生成器，代码如下。

```
import numpy as np
def custom_image_generator(images, batch_size = 128):

    while True:
        # Randomly select images for the batch
        batch_images = np.random.choice(images, size = batch_size)
        batch_input = []
        batch_output = []

        # Read image, perform preprocessing and get labels
        for file in batch_images:
            # Function that reads and returns the image
            input_image = get_input(file)
            # Function that gets the label of the image
            label = get_output(file)
            # Function that pre-processes and augments the image
            image = preprocess_input(input_image)
```

```
                    batch_input.append(image)
                    batch_output.append(label)

            batch_x = np.array(batch_input)
            batch_y = np.array(batch_output)

            # Return a tuple of (images,labels) to feed the network
            yield(batch_x, batch_y)
```

（5）读取验证数据，创建用于读取图像和标签的函数，代码如下。

```
from tqdm import tqdm
def get_data(files):
  data_image = []
  labels = []
  for image in tqdm(files):
      label_vector = get_output(image)

      img = Image.open(PATH + image)
      img = img.resize((SIZE,SIZE))

      labels.append(label_vector)
      img = np.asarray(img).reshape(SIZE,SIZE,CHANNELS)
      img = img/255.0
      data_image.append(img)

  data_x = np.array(data_image)
  data_y = np.array(labels)

  return (data_x, data_y)
```

（6）读取验证文件，代码如下。

```
  import os
  files = os.listdir(PATH)
  random.shuffle(files)
  train = files[:7000]
  test = files[7000:]
  validation_data = get_data(test)
```

（7）从数据集中绘制一些图像，用以查看是否正确地加载了文件，代码如下。

```
  import matplotlib.pyplot as plt
  plt.figure(figsize=(20,10))
  columns = 5
```

```
for i in range(columns):
    plt.subplot(5 / columns + 1, columns, i + 1)
    plt.imshow(validation_data[0][i])
```

图像的随机样本如下。

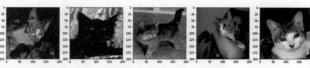

（8）加载Inception模型并传递输入图像的形状，代码如下。

```
from keras.applications.inception_v3 import InceptionV3
base_model = InceptionV3(weights='imagenet', include_top=False,
input_shape=(SIZE,SIZE,CHANNELS))
```

（9）根据问题添加输出密集层，代码如下。

```
from keras.layers import GlobalAveragePooling2D, Dense, Dropout
from keras.models import Model
x = base_model.output
x = GlobalAveragePooling2D()(x)
x = Dense(256, activation='relu')(x)
x = Dropout(0.5)(x)
predictions = Dense(2, activation='softmax')(x)

model = Model(inputs=base_model.input, outputs=predictions)
```

（10）编译模型以使其准备进行训练，代码如下。

```
model.compile(loss='categorical_crossentropy',
              optimizer='adam',
              metrics = ['accuracy'])
And then perform the training of the model:
EPOCHS = 50
BATCH_SIZE = 128

model_details = model.fit_generator(custom_image_generator(train, batch_
size = BATCH_SIZE),
                    steps_per_epoch = len(train) // BATCH_SIZE,
                    epochs = EPOCHS,
                    validation_data= validation_data,
                    verbose=1)
```

（11）在测试集上评估模型并获得精确度，代码如下。

```
score = model.evaluate(validation_data[0], validation_data[1])
```

```
print("Accuracy: {0:.2f}%".format(score[1]*100))
```

精确度为

```
Accuracy: 95.37%
```

作业22：使用迁移学习预测图像

（1）设置随机数种子，以使结果是可重现的，代码如下。

```
from numpy.random import seed
seed(1)
from tensorflow import set_random_seed
set_random_seed(1)
```

（2）设置图像的大小和通道。大小是正方形图像输入的尺寸；通道是训练数据图像中的通道数，一个RGB图像中有3个通道，代码如下。

```
SIZE = 200
CHANNELS = 3
```

（3）创建函数以获取图像和标签。这里的PATH变量包含训练集的路径，代码如下。

```
from PIL import Image
def get_input(file):
    return Image.open(PATH+file)
def get_output(file):
    class_label = file.split('.')[0]
    if class_label == 'dog': label_vector = [1,0]
    elif class_label == 'cat': label_vector = [0,1]
    return label_vector
```

（4）创建一个函数，目的是进行预处理和扩充图像，代码如下。

```
def preprocess_input(image):

    # Data preprocessing
    image = image.resize((SIZE,SIZE))
    image = np.array(image).reshape(SIZE,SIZE,CHANNELS)

    # Normalize image
    image = image/255.0

    return image
```

（5）开发能够进行分批处理的生成器，代码如下。

```python
import numpy as np
def custom_image_generator(images, batch_size = 128):

    while True:
        # Randomly select imuages for the batch
        batch_images = np.random.choice(images, size = batch_size)
        batch_input = []
        batch_output = []

        # Read image, perform preprocessing and get labels
        for file in batch_images:
            # Function that reads and returns the image
            input_image = get_input(file)
            # Function that gets the label of the image
            label = get_output(file)
            # Function that pre-processes and augments the image
            image = preprocess_input(input_image)

            batch_input.append(image)
            batch_output.append(label)

        batch_x = np.array(batch_input)
        batch_y = np.array(batch_output)

        # Return a tuple of (images,labels) to feed the network
        yield(batch_x, batch_y)
```

（6）读取开发和测试数据，创建用于读取图像和标签的函数，代码如下。

```python
from tqdm import tqdm
def get_data(files):
    data_image = []
    labels = []
    for image in tqdm(files):

        label_vector = get_output(image)
        img = Image.open(PATH + image)
        img = img.resize((SIZE,SIZE))

        labels.append(label_vector)
        img = np.asarray(img).reshape(SIZE,SIZE,CHANNELS)
```

```
        img = img/255.0
        data_image.append(img)

    data_x = np.array(data_image)
    data_y = np.array(labels)

    return (data_x, data_y)
```

（7）读取开发和测试文件。训练集/开发集/测试集的分配比例为70% / 15% / 15%，代码如下。

```
import random
random.shuffle(files)
train = files[:7000]
development = files[7000:8500]
test = files[8500:]
development_data = get_data(development)
test_data = get_data(test)
```

（8）从数据集中绘制一些图像，用以查看是否正确地加载了文件，代码如下。

```
import matplotlib.pyplot as plt
plt.figure(figsize=(20,10))
columns = 5
for i in range(columns):
    plt.subplot(5 / columns + 1, columns, i + 1)
    plt.imshow(validation_data[0][i])
```

检查以下输出。

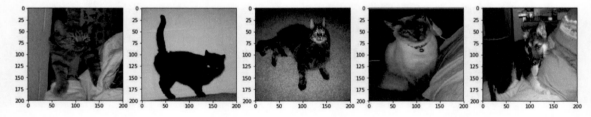

（9）加载Inception模型并传递输入图像的形状，代码如下。

```
from keras.applications.inception_v3 import InceptionV3
base_model=InceptionV3(weights='imagenet',include_top=False, input_
shape=(200,200,3))
```

（10）根据问题添加输出密集层，代码如下。

```
from keras.models import Model
from keras.layers import GlobalAveragePooling2D, Dense, Dropout
```

```
x = base_model.output
x = GlobalAveragePooling2D()(x)
x = Dense(256, activation='relu')(x)
keep_prob = 0.5
x = Dropout(rate = 1 - keep_prob)(x)
predictions = Dense(2, activation='softmax')(x)

model = Model(inputs=base_model.input, outputs=predictions)
```

（11）冻结模型的前5层，以帮助缩短训练时间，代码如下。

```
for layer in base_model.layers[:5]:
    layer.trainable = False
```

（12）编译模型以使其准备好进行训练，代码如下。

```
model.compile(loss='categorical_crossentropy',
              optimizer='adam',
              metrics = ['accuracy'])
```

（13）为Keras库创建回调函数，代码如下。

```
from keras.callbacks import ModelCheckpoint, ReduceLROnPlateau,
EarlyStopping, TensorBoard
callbacks = [
    TensorBoard(log_dir='./logs',
                update_freq='epoch'),
    EarlyStopping(monitor = "val_loss",
                  patience = 18,
                  verbose = 1,
                  min_delta = 0.001,
                  mode = "min"),
    ReduceLROnPlateau(monitor = "val_loss",
                      factor = 0.2,
                      patience = 8,
                      verbose = 1,
                      mode = "min"),
    ModelCheckpoint(monitor = "val_loss",
                    filepath = "Dogs-vs-Cats-InceptionV3-{epoch:02d}-{val_
loss:.2f}.hdf5",
                    save_best_only=True,
                    period = 1)]
```

注释：上面代码中使用了4个回调函数：TensorBoard()、EarlyStopping()、ReduceLROnPlateau()和ModelCheckpoint()。

barquux

（14）对模型进行训练。仅用模型完整地对训练集中所有的样本进行50遍训练，并且一个数据集的大小为128，代码如下。

```
EPOCHS = 50
BATCH_SIZE = 128
model_details = model.fit_generator(custom_image_generator(train, batch_
size = BATCH_SIZE),
                    steps_per_epoch = len(train) // BATCH_SIZE,
                    epochs = EPOCHS,
                    callbacks = callbacks,
                    validation_data= development_data,
                    verbose=1)
```

TensorBoard上的训练记录如下。

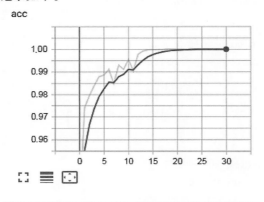

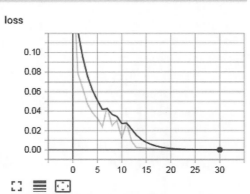

（15）可以将开发集的精确度作为度量标准来微调超参数。

TensorBoard工具中的开发集记录如下。

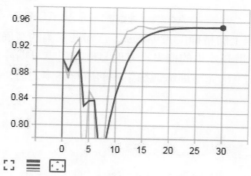

val_loss

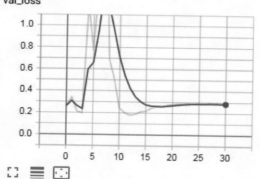

从以下图表可以看出模型学习率的下降。

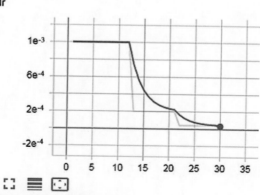

（16）在测试集上评估模型并获得精确度。

```
score = model.evaluate(test_data[0], test_data[1])
print("Accuracy: {0:.2f}%".format(score[1]*100))
```

模型精确度为

Accuracy: 93.60%

可见，该模型在测试集上的精确度为93.6%，这与开发集的精确度（在TensorBoard的训练记录上显示的93.3%）不同。当开发集的损失没有明显改善时，早期停止的回调阻止了训练，这节省了一些训练时间。在经过9次完整训练训练集中的所有样本之后，模型的学习率降低了，这有助于训练，具体如下。

```
Epoch 9/50
54/54 [==============================] - 41s 763ms/step - loss: 0.0270 - acc: 0.9913 - val_loss: 0.7472 - val_acc: 0.
7720

Epoch 00009: ReduceLROnPlateau reducing learning rate to 0.00020000000949949026.
Epoch 10/50
54/54 [==============================] - 41s 759ms/step - loss: 0.0183 - acc: 0.9942 - val_loss: 0.2650 - val_acc: 0.
9133
```